Richard Walz

Das Praxisbuch für den Verkauf

FSC
www.fsc.org
MIX
Papier aus verantwortungsvollen Quellen
Paper from responsible sources
FSC® C105338

Verlag: Education Punk Ltd.
Satz: correctus e. K.
Druck: BoD – Books on Demand, Norderstedt

ISBN Print: 978-3-9817888-8-4
ISBN E-Book: 978-3-9817888-9-1

Inhalt

Danksagung

Dieses Buch ist im Laufe von drei Jahren entstanden. Es ist ein Werk aus 15 Jahren Erfahrung und bedurfte der gemeinsamen Anstrengung vieler Menschen. Ich möchte ganz besonders folgenden Mitwirkenden danken:

Jada war mein Antrieb.

Über 50 Testleser haben mir wertvolle Tipps gegeben. Die wichtigsten waren:

Biggi Hansen, Mariela Zoe Schröder, Heike Knigge, Ulrike Glüse, Claudia Hughes, Vanessa Marcedo, Christine, Mario Storch, Harald Wimmersberger, Randy Spillmann, Andrea Munkert und Mira Schäfer.

Dankeschön für eure Unterstützung!

Biggi Hansen ist für mich die beste Freundin und der Beweis, dass eine Freundschaft immer bestehen bleiben kann.

Günter Pischitz war mein bester Vorgesetzter und Mentor. Bis heute bin ich sehr dankbar für das Vertrauen, das er in mich gesetzt hat. Ich habe von ihm Elementares über das praktische Geschäftsleben gelernt.

Man sieht sich im Leben immer zweimal … Dr. Florian Roski ist unter anderem dafür verantwortlich, dass dieses Buch schnell und professionell auf den Markt kam.

Einführung

Damit du das bestmögliche Ergebnis aus diesem Buch ziehen kannst, möchte ich dir einleitend ein paar wichtige Tipps geben. Ein wichtiger Bestandteil dieses Buches sind praktische Übungen. Nimm dir ausreichend Zeit dafür. Zwischen den einzelnen Kapiteln solltest du die mindestens eine Woche nehmen. Für die Übungen suchst du am besten einen Ort, an dem du konzentriert arbeiten und üben kannst. Lies dir die jeweiligen Kapitel öfters durch. Mach dir zu jedem einzelnen Abschnitt Notizen. Am Ende eines jeden Kapitels habe ich dir eine Notizseite zur Verfügung gestellt. Schreibe das Erlernte in deinen eigenen Worten nieder. Wiederhole die Übungen, die du in diesem Buch findest, bis sie dir in Fleisch und Blut übergegangen sind.

Glaube nur dir selbst! Jeder möchte dir sagen, zeigen oder beweisen, was du denken oder tun sollst. Mach deine eigenen Erfahrungen. Durch diese Erfahrungen wirst du eigene Fähigkeiten entwickeln. Das macht dich zu etwas Einmaligem. Ich werde dir noch weitere Effekte nennen, die sich bei diesem Buch einstellen werden: Du wirst leistungsstärker und verfügst über mehr mentale Lebenskraft. Dadurch erreichst du bessere Gesundheit und den Wohlstand, den du dir wünschst. Du wirst dein Leben mit neuer Lebensfreude genießen.

Ziel meines Buches ist es, dass du lernst, deinen Gesprächspartner ganzheitlich wahrzunehmen und Gespräche in die gewünschte Richtung zu steuern. Wie hört und fühlt sich das an? Gut? Dann lies bitte weiter.

Was bedeutet es eigentlich, das Gespräch zu steuern? Das liegt ganz an dir. Du möchtest jemanden von deiner Meinung überzeugen? Du wirst in meinem Buch mehr als nur Informationen und Techniken erhalten. Viele praktische Übungen, die dir dabei helfen werden, das Erlernte anzuwenden. Du wirst schnell erkennen, dass du mit diesen Techniken und dem Konzept für eine konkrete Herangehensweise ein machtvolles Werkzeug an die Hand bekommst, um die Menschen von dir und deiner Meinung zu überzeugen. Manche Teilnehmer an meinen Vortragsveranstaltungen behaupten, es sei ein Werkzeug, um Menschen zu manipulieren. Das ist es nur bedingt. Die wichtige Frage im Hinblick auf die Manipulation ist für mich, was du damit erreichen möchtest. Das, was Manipulation gegebenenfalls negativ erscheinen lässt, ist eine negative Absicht, die damit verfolgt wird. Ist es eine negative Manipulation, dich in die Lage zu versetzen, die Wünsche und Ziele deines Gegenübers durch deine Gesprächsführung zu erkennen und ihm gleichzeitig sogar einen gangbaren Weg aufzuzeigen? Wenn du ihm nicht nur sein Problem darlegen, sondern gleichzeitig auch die Lösung anbieten kannst? Wir versuchen doch letztlich alle, sowohl im Privaten als auch im Geschäftlichen, täglich unsere Gesprächspartner von unserer Meinung zu überzeugen. Ich spreche an dieser Stelle bewusst von einer Win-Win-Situation.

Du wirst in meinem Buch nicht nur Techniken und Herangehensweisen erfahren, sondern sie auch dauerhaft trainieren. Das hat für dich den Vorteil, dass das neu Erlernte bald selbstverständlich von dir angewendet wird. Nur durch ein stetiges Training wird gewährleistet, dass du das Erlernte auch dauerhaft erfolgreich anwenden kannst. Ansonsten würdest du zu den 90 % gehören, die neu Erlerntes, und sei es noch so erfolgreich, im Alltag „vergessen" und wieder in alte Verhaltensmuster zurückfallen. Das Ziel ist es, neue Techniken in dein Unterbewusstsein aufzunehmen. Wir machen uns an dieser Stelle die Macht des Unterbewusstseins zunutze, denn dieses stellt einen bedeutenden Schlüssel zu deinem Erfolg dar. Aus diesem Grund bitte ich dich, von Anfang an alle Übungen sehr gewissenhaft durchzuführen. Nur so kann gewährleistet werden, dass sich der gewünschte Erfolg einstellt.

Wahrscheinlich würdest du nun gerne lesen, dass es einfach werden wird. Es gehört jedoch eine ordentliche Portion Durchhaltevermögen dazu. Solltest du es aber geschafft haben, gehörst du zu den Besten. Ich möchte dich ermutigen, am Ball zu bleiben und stets an dir zu arbeiten.

Kapitel 1: Die Gesprächsvorbereitung

Was möchtest du erreichen? Nur der Mensch, der sein Ziel kennt, kann es auch erreichen. Sei kein Blatt im Wind. Ein Blatt im Wind ist immer abhängig von äußeren Einflüssen. So landest du eventuell an einem unerwünschten Ort. Das kannst du nur verhindern, wenn du dir bewusst machst, was du erreichen möchtest. Deswegen: Bevor du in ein Gespräch gehst, mach dir dein Ziel bewusst. Dies ist im Übrigen die wichtigste Aufgabe, um ein Gespräch zum gewünschten Erfolg zu bringen.

Übung

Welche waren deine letzten erreichten Ziele, die du dir gesteckt hast?

____

____

____

____

Was waren die Erfolgsfaktoren für die Erreichung der Ziele?

____

____

____

____

Ich habe die Erfahrung gemacht, dass sich die Ziele von Menschen mit der Zeit verändern. Dies liegt darin begründet, dass das Erlebte einen großen Einfluss auf unsere Gedanken und auf unsere Ausrichtung hat. Bei Menschen, die in ihrer beruflichen Laufbahn immer viel Geld verdient haben und sich viele materielle Dinge leisten konnten, stellen wir häufig fest, dass sie sich im fortgeschrittenen Alter andere, oftmals spirituelle Ziele setzen. Der US-amerikanische Psychotherapeut, Autor und Redner Wayne W. Dyer berichtet in dem Film „The Shift – das Geheimnis der Inspiration“ von einer Langzeitstudie mit dem Titel „Der Moment, in dem Ihre Werte auf den Kopf gestellt werden“. Im Rahmen dieser Studie zählten die Teilnehmer in einer ersten Befragung auf, was in ihrem Leben Priorität hatte. Jahre später wurden sie erneut darüber befragt, welche Prioritäten sie in ihrem Leben setzten. Die Studie ergab, dass sich die Prioritäten jener Teilnehmer, die in der Zwischenzeit einen speziellen Moment erlebt hatten – ein sogenanntes Quantenerlebnis[1] – deutlich verschoben hatten. Zudem waren die Prioritäten von Männern und Frauen sehr unterschiedlich. Dies sei auf die unterschiedlichen kulturellen Geschichten der entsprechenden Rollen von Männern und Frauen zurückzuführen. Die folgende Übersicht zeigt, welche die häufigsten Prioritäten vor und nach dem Quantenerlebnis bei den Männern und den Frauen waren:

Männer vorher

- Platz 1: Wohlstand; viel Geld verdienen, um die Familie zu ernähren
- Platz 2: Abenteuergeist; viel erleben
- Platz 3: Erfolg; das Beste aus dem Leben machen
- Platz 4: Vergnügen
- Platz 5: Respektiert werden

Männer nachher

- Platz 1: Spiritualität
- Platz 2: Persönlicher Freiraum; ein ruhiges und stressfreies Leben
- Platz 3: Familie
- Platz 4: Gottes Wille; die Bestimmung, warum ich auf der Welt bin
- Platz 5: Ehrlichkeit, Authentizität; ein harmonisches Leben führen

Frauen vorher

- Platz 1: Familie
- Platz 2: Verlangen nach Unabhängigkeit
- Platz 3: Karriere
- Platz 4: Sich anpassen
- Platz 5: Attraktivität

[1] Ein Quantenerlebnis kann die eigene Hochzeit, die Geburt eines Kindes, der Verlust eines geliebten Menschen, ein Unfall oder auch ein anderes einschneidendes Erlebnis sein.

Frauen nachher

Platz 1: Eigenes persönliches Wachstum
Platz 2: Selbstwert
Platz 3: Spiritualität; der Glaube an etwas Höheres als man selbst
Platz 4: Glück
Platz 5: Vergebung

Es wäre jedoch falsch, auf Quantenerlebnisse zu warten. Empfinde es niemals als negativ, wenn du das Gefühl hast, noch keines erlebt zu haben. Es ist sogar sehr wahrscheinlich, dass du es im Moment des Geschehens nicht bewusst als solches, sondern eher als Veränderungsprozess wahrnimmst. „Von einem bestimmten Moment an hatte ich das Gefühl, dass sich mein Leben verändert." So oder ähnlich beschreiben viele Menschen ihr Quantenerlebnis. Vielleicht kannst du im Moment die oben aufgelisteten Veränderungen noch nicht bei dir feststellen. Das macht aber nichts. Vielleicht gehörst du bereits zu der sogenannten Generation Y, die neue Lebensziele und Ansichten hat. Wichtig im Hinblick auf deine eigene Standortbestimmung ist es, deine Ziele und ihre Priorität von Zeit zu Zeit zu aktualisieren. Dies kannst du tun, indem du jene Lebensbereiche, die dir wichtig sind, in deine eigene Prioritätenreihenfolge bringst. Unser Leben lässt sich in fünf Bereiche aufteilen: Gesundheit, Finanzen, soziale Beziehungen, persönliches Wachstum und Sinn des Lebens. Diese Lebensbereiche sollten im Gleichgewicht sein. Keiner sollte extrem im Vordergrund stehen.

Übung

Welche fünf Lebensbereiche kennst du?

- ____________________
- ____________________
- ____________________
- ____________________
- ____________________

Setze diese fünf Lebensbereiche nun in deine Priorität für den heutigen Tag.

1. ______________________________
2. ______________________________
3. ______________________________
4. ______________________________
5. ______________________________

Wiederhole diese Aufgabe jedes Jahr erneut. Du wirst sehen, dass sich deine Prioritäten gemäß deiner aktuellen Gefühls- und/ oder Gesundheitslage verändern werden. Bevor du jedoch in ein wichtiges Gespräch oder eine wichtige Verhandlung gehst, solltest du dir deiner aktuellen Lage bewusst werden.

Bleib konzentriert

Ein erfolgreiches Gespräch zeichnet sich dadurch aus, dass du dein gestecktes Ziel erreichst. Durch ein hohes Maß an Konzentration wird es dir leichter fallen, deinen Gesprächspartner intensiver wahrzunehmen. Deine Konzentration auf sich wird dein Gesprächspartner als Wertschätzung empfinden. Du erkennst Chancen, das Gespräch erfolgreich in die richtigen Bahnen zu lenken. Du nimmst wichtige Informationen wahr. Bist du in deinem Gespräch konzentriert, wird es dir darüber hinaus leichter fallen, die Veränderung deines Gesprächspartners im Laufe des Gespräches wahrzunehmen. Du zentrierst deine Kräfte, blendest Unwichtiges aus und bist so in der Lage, deine Energie zu bündeln und Kräfteverlust zu vermeiden.

Wie kannst du deine Konzentrationsfähigkeit verbessern? Hierzu ist es wichtig, Körper und Geist zu beruhigen und sich auf das Wesentliche zu fokussieren. Der Erfolgsfaktor liegt in der nachhaltigen Steigerung der Konzentration. Selbst der erfolgreichste Leistungssportler muss seine Fähigkeiten dauerhaft trainieren, um Spitzenleistungen zu erreichen. In meinem Buch wirst du darauf trainiert, diese Fähigkeit zu steigern. Dadurch wirst du jedem Gesprächspartner auf Augenhöhe begegnen können.

Nimm deinen Gesprächspartner wahr

Körpersprache macht mit rund 55 % neben dem Tonfall mit rund 38 % den wichtigsten Teil unserer Kommunikation aus. Nur ca. 7 % entfallen auf die Worte und die inhaltlichen Informationen. Aus diesem Grund ist es umso wichtiger, in deinen Gesprächen stets wachsam zu sein und dein Gegenüber aufmerksam wahrzunehmen. Um den größtmöglichen Erfolg zu erreichen, solltest du die Reaktionen deines Gesprächspartners beobachten. Mit etwas Übung wirst du erkennen, ob er dir gedanklich folgt. Hierbei hilft dir insbesondere die Körpersprache, dich zu orientieren, wie weit du von deinem Ziel entfernt bist. Die Körpersprache ist ein wesentlicher Bestandteil des zweiten Kapitels in diesem Buch („Der Vertrauensaufbau").
Neben der Körpersprache werden weitere Sinnesorgane angesprochen.
Hier ein Überblick über unsere fünf Sinneskanäle:

- Sehsinn, d.h. mit den Augen (visuell)
- Hörsinn, d.h. mit den Ohren (auditiv)
- Tastsinn, d.h. mit allen Teilen des Körpers (haptisch)
- Geruchssinn, d.h. mit der Nase (olfaktorisch)
- Geschmackssinn, d.h. mit dem Gaumen (gustatorisch)

Übung

Welche Sinneskanäle sind bei dir besonders ausgeprägt?

____

____

____

Wie kannst du deine bevorzugten Sinneskanäle identifizieren? Hierzu eine einfache Übung.

Denke bitte an deinen letzten Urlaub. Schreibe dir alle Details auf, die dir einfallen. Wenn du mit deiner Beschreibung des Urlaubs fertig bist, durchsuche deine Notizen nach den Sinneskanälen. Damit es dir noch deutlicher wird, bitte ich dich jetzt, mit einen roten Stift alle Wörter zu unterstreichen, die mit dem Sehen zu tun haben. Danach alle Wörter, die mit Gefühl, Geschmack, Geruch und mit dem Hören zu tun haben. Verwende dazu unterschiedliche Farben, dann kannst du schnell sehen und erkennen, welche Sinneskanäle du bevorzugst.

Dazu ein Beispiel: Ein Freund von mir berichtete mir von seinem letzten Urlaub auf Mallorca. Er malte hierbei sehr deutlich aus, wie schön (gesehen) es auf Mallorca sei. Die langen, weißen Strände (gesehen) und das kristallklare, blaue Meer (gesehen) haben ihm sehr gefallen. Wie du sicherlich bereits bemerkt hast, bewegt er sich deutlich in visuellen Erfahrungen und Eindrücken. Er speichert das Gesehene ab. Dieser Gesprächspartner nimmt visuelle Informationen deutlich schneller und einfacher auf.

Deutlich schwieriger wäre es hingegen, ihn auf der akustischen oder gefühlten Ebene zu erreichen. Das Beispiel zeigt, wie wichtig eine ganzheitliche Wahrnehmung im Erfolgsgespräch ist.

Wende deine Fähigkeiten an

Vielleicht wird es dir wie vielen anderen Menschen schwerfallen, das Erlernte zum richtigen Zeitpunkt anzuwenden. Aber warum ist das so?

Menschen fallen schnell in ihr altes Verhaltensmuster zurück. In deinen gewohnten Verhaltensmustern kennst du dich aus. Du weißt, wie du wirkst und wie deine Gesprächspartner auf dich reagieren. Neu erworbene Fähigkeiten solltest du demgegenüber festigen. Ein wirksames Mittel ist die „Anker-Methode“. Hierbei speicherst du positive Gefühle, die du bei Bedarf abrufen kannst. Nehmen wir an, du nimmst dir vor, dein Gespräch auf eine andere Art und Weise zu führen, als du es gewohnt bist. Du bist dementsprechend unsicher und nervös. Mit der „Anker-Methode“ erhältst du die nötige Sicherheit und Orientierung wieder, wie der Kapitän eines Schiffes, der bei unruhiger See den Anker setzt, um an seiner gewünschten Position zu bleiben. Die „Anker-Methode“ beruht auf der Reiz-Reaktions-Kopplung. Ein bestimmter Reiz löst eine Reaktion aus. Die dauerhafte Anwendung bedarf einiger

Übung. In den folgenden vier Schritten erkläre ich dir, wie du die „Anker-Methode“ erlernen und festigen kannst:

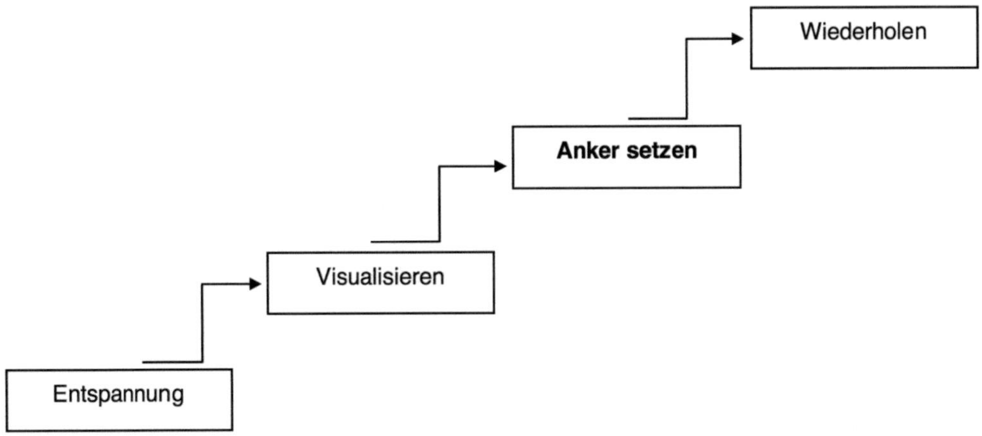

- Schritt 1: Entspannen
  Suche dir einen Platz, an dem du ungestört bist. Entspanne dich mithilfe einer Entspannungsübung.
- Schritt 2: Visualisieren
  Rufe dir in dieser Entspannungsphase eine Situation hervor, in der du sehr glücklich und zufrieden warst. Stell dir diese Situation gedanklich detailliert vor. Was genau hast du gespürt, was hast du wahrgenommen, wie hast du dich gefühlt? Je intensiver du diese Erinnerung empfindest und mit allen Sinnen wahrnimmst, desto wirkungsvoller wird dein Anker sein.
- Schritt 3: Anker setzen
  Achte darauf, dass du deinen Anker genau dann setzt, wenn deine Erinnerung bzw. dein Empfinden besonders intensiv ist. Es geht nun darum, dieses positive Gefühl mit einer bestimmten Handlung zu verknüpfen. Diese Handlung kann das Berühren von Daumen und Zeigefinger, das Kneifen in eine bestimmte Stelle an deiner Hand oder ein anderer bewusst gesetzter Reiz sein. Sinnvollerweise suchst du dir eine unauffällige Handlung aus, die von deinem Gesprächspartner unerkannt bleibt.

Wichtig ist, dass du für ein bestimmtes Gefühl immer denselben Anker setzt. Für das Abrufen von Glücksgefühlen steht idealerweise das Berühren von Daumen und Zeigefinger. Der bekannteste Anker ist die Raute von Angela Merkel. Frau Merkel begibt sich auf eine gewisse Gefühlsebene, wenn sie diese Handhaltung einnimmt.

- Schritt 4: Wiederholen
  Dein Anker wird erst durch regelmäßige Wiederholungen über einen längeren Zeitraum wirksam. Ein weiterer positiver Effekt der Wiederholungen ist die Erneuerung des positiven Gefühls, da dieses mit der Zeit abnehmen wird. Wenn du die „Anker-Methode" jedoch beherrschst, hast du damit ein sehr wirksames Werkzeug, um in schwierigen Situationen deine Orientierung zu behalten.

Konzentrationsübung 1

In diesem Buch werde ich dir durch Übungen helfen, deine Konzentration zu stärken. Im Verlauf der 10 Kapitel bekommst du immer am Ende jedes Kapitels eine Konzentrationsübung. Diese Übungen bauen aufeinander auf.

Erste Übung: Wähle dir einen Raum, wo du alleine bist. Setze dich aufrecht und bequem hin. Suche dir eine Sitzposition, ohne zu liegen oder dich anzulehnen. Lass deine Gedanken ruhig kommen und gehen, aber egal, wo du mit deinen Gedanken bleibst, bleibe unbedingt für ca. 15 bis 30 Minuten unbewegt in deiner Sitzposition. Wiederhole die Übung, bis du sie beherrschst.

Zusammenfassung

Im ersten Kapitel hast du gelernt, wie wichtig eine gute Gesprächsvorbereitung ist. Diese wird in vier Unterpunkte eingeteilt. Um das gewünschte Ergebnis schnell und effektiv zu erreichen, solltest du von Anfang an eine bestimmte Richtung einschlagen. Hierbei ist eine dauerhafte Konzentration vorteilhaft, um die vorhandene Energie gezielt einzusetzen und das Wesentliche im Auge zu behalten. Da der Großteil der Kommunikation durch die Körpersprache bestimmt wird, ist es notwendig, diese zu erkennen und Veränderungen an deinem Gesprächspartner wahrzunehmen. Die Verwendung des Sinneskanals, den der Gesprächspartner bevorzugt, intensiviert das Gespräch zusätzlich. Um neu erworbene Fähigkeiten dauerhaft anzuwenden, kannst du dich der „Anker-Methode“ bedienen. Hierbei erinnerst du dich zu jedem Gesprächszeitpunkt an deine Fähigkeiten und kannst mithilfe einer unscheinbaren körperlichen Handlung ein positives Gefühl auslösen, dass dir zu jeder Gesprächszeit Orientierung und Sicherheit gibt.

Aufgaben zur Lernkontrolle

1. Wieso ist eine gute Gesprächsvorbereitung wichtig?
2. Wer steuert das Gespräch und warum?
3. Welche Vorbereitung und welche Fähigkeiten muss man für ein erfolgreiches Gespräch haben? Benenne vier Punkte.
4. Warum ist ein Ziel bei einem Gespräch so wichtig?
5. Warum sollte man während des Gesprächs stets konzentriert sein?
6. Warum sollte man den Gesprächspartner ständig beobachten?
7. Warum ist es wichtig, sich immer seiner Fähigkeit bewusst zu sein?
8. Benenne die fünf Sinneskanäle.
9. Was versteht man unter der „Anker-Methode“?
10. Benenne die vier Schritte der „Anker-Methode“.

Notizen

Kapitel 2: Der Vertrauensaufbau

Einmal Hand aufs Herz: Wem vertraust du in deinem Leben am meisten? Deinem Partner, deinem Chef, deiner besten Freundin oder deinem besten Freund? Wahrscheinlich sprichst du all diesen Personen ein großes Vertrauen aus. Doch wenn es um die wichtigsten Entscheidungen in deinem Leben geht, vertraust du in letzter Konsequenz nur dir selbst. Dies liegt darin begründet, dass du selbst für deine Entscheidungen die Verantwortung übernimmst. Um den Zusammenhang zwischen den Entscheidungen und dem dafür notwendigen Vertrauen zu anderen Menschen darzustellen, wagen wir einen Blick zurück in die Kindheit.

Warum vertraut ein Kind seiner Mutter? Weil sie so hervorragend kochen kann oder weil sie die schmutzige Wäsche wieder sauber bekommt? An dieser Stelle sollten wir unterscheiden zwischen der sozialen Kompetenz und der fachlichen Kompetenz der Mutter. Die fachliche Kompetenz, also das Waschen der schmutzigen Wäsche, trägt nur zu ca. 5 % zum Aufbau des Vertrauensverhältnisses bei. Die übrigen 95 % macht die soziale Kompetenz aus. Diese wirkt sich beim Neugeborenen bereits während der Schwangerschaft im Mutterleib aus. Das Ungeborene „wird eins“ mit den Körperbewegungen der Mutter, mit dem Tonfall, mit der Atmung und dem Herzschlag. Du kennst dieses Phänomen unter dem Begriff „Ur-Vertrauen“. In den ersten sechs Lebensjahren, den Tonband-Jahren, nehmen Kinder sämtliche sachlichen und fachlichen Informationen sowie Gefühle ungeprüft auf. Erst nach diesem Zeitpunkt fangen sie an, bewusst eigene Wahrnehmungen zu machen, und beginnen, Informationen zu bewerten. Von nun an werden Entscheidungen auch auf Basis eigener Erfahrungen und auch gegen den Willen der Eltern getroffen.

Dieses beschriebene Ur-Vertrauen gilt es, in deinem Gespräch darzustellen. Durch diesen Schritt wird die soziale Kompetenz zur Vorstufe für die fachlichen Inhalte, die du anschließend in das Gespräch einbringen wirst. So wird dein Gesprächspartner schnell Vertrauen zu dir aufbauen können. Denn letztlich trifft der Mensch seine Entscheidungen aus einem Bauchgefühl heraus.

In diesem Kapitel wirst du lernen, wie du in kürzester Zeit ein hohes Maß an Vertrauen aufbauen kannst. Vertrauen lässt eine reibungslose Kommunikation entstehen und ist somit die Grundlage für das erfolgreiche Gespräch.

Sei wie dein Gesprächspartner

Gelingt es dir, dich in kürzester Zeit auf deinen Gesprächspartner einzustellen, wirst du schnell einen Zugang zu ihm finden. Hierbei ist es sehr wichtig, deinen Gesprächspartner ganzheitlich wahrzunehmen, um Veränderungen an ihm feststellen zu können. Nur so kannst du auf diese reagieren und das Gespräch zielorientiert (im Sinne des Wortes) „führen". Am schnellsten wird dir das gelingen, wenn du dich auf die folgenden Ausprägungen konzentrierst:

1. Körpersprache
2. Augenbewegungsmuster
3. Sprache und Tonfall
4. Stimmungen
5. Meinungen und Weltanschauung

Körpersprache

Körpersprache als eine Form der nonverbalen Kommunikation ist eines der wichtigsten Elemente beim „Gleich-Werden". Sie drückt sich in Form von Körperhaltung, kleineren Bewegungen oder Gewichtsverlagerungen, Mimik, Atmung und anderen bewussten oder unbewussten Äußerungen des menschlichen Körpers aus. Die Körpersprache hat einen entscheidenden Einfluss auf die Verständlichkeit deiner gesprochenen Botschaften und auf die Wirkung deiner Persönlichkeit auf deinen Gesprächspartner.

Wie ich einleitend erwähnte, ist Vertrauen die Voraussetzung für jede gute und erfolgreiche Kommunikation. Die Kernaufgabe liegt somit darin, eine Strategie zu entwickeln, wie du zu und bei deinem Gesprächspartner Vertrauen aufbauen kannst.

Begegne deinem Gesprächspartner auf Augenhöhe und verwende seine Körpersprache. Gelingt dir dies, gehst du eine Beziehung ein, die gekennzeichnet ist durch Zustimmung und Ähnlichkeiten. Du wirst schnell feststellen, dass eventuell vorhandene Widerstände abgebaut werden. Du baust einen tiefen Kontakt zum Unterbewusstsein deines Gesprächspartners auf. Ich habe immer wieder festgestellt, dass Menschen, die einander sympathisch sind und einen tiefen Kontakt zueinander haben, sich mit der Zeit in ihrem Ausdrucksverhalten aneinander anpassen. Lang verheiratete Ehepaare nehmen ähnliche Züge an, vereinheitlichen ihren Sprachgebrauch, sie sehen sich sogar ähnlich. Dieses Prinzip kannst du dir zunutze machen. Durch das körperliche „Gleich-Werden", durch Anpassen deiner Körperhaltung, kleinerer Bewegungen oder Gewichtsverlagerungen, Mimik und Atmung stellst du eine tiefe Verbindung zu deinem Gesprächspartner her. Sitzt dein Gesprächspartner mit verschränkten Armen vor dir, solltest auch du dich in diese Körperhaltung begeben. Hast du dagegen einen sehr locker sitzenden Gesprächspartner vor dir, solltest du dich dementsprechend anpassen. Gibt dir der Gesprächspartner einen festen Händedruck zur Begrüßung, solltest du die gleiche Festigkeit erwidern. In der Verhaltensforschung nennt man das Anpassen an den Gesprächspartner „Spiegeln". Bitte beachte, dass du dessen Bewegungen nicht sofort nachmachst, sondern wenn es dir am angenehmsten erscheint. Sonst könnte der Gesprächspartner sich veralbert vorkommen. Ein Beispiel: Dein Gesprächspartner verschränkt seine Arme während du sprichst. Erst nachdem du ausgesprochen hast, nimmst du ebenfalls die Körperhaltung deines Gesprächspartners an.

Übung

Setze dich mit einem Freund, Kollegen, Teilnehmer gegenübersitzend zusammen und führe einen lockeren, ungezwungenen Smalltalk über ein beliebiges Thema. Beobachte dabei alles, was dir an seiner/ihrer Körpersprache auffällt, und schreibe es dir stichpunktartig auf.

Hast du dich deinem Gesprächspartner eine Weile angepasst, kannst du dazu übergehen, das Gespräch in deine gewünschte Richtung zu lenken. Du führst deinen Gesprächspartner im Sinne einer WIN-WIN-Betrachtung zu einem bestimmten Ziel. Du solltest von Zeit zu Zeit überprüfen, ob die Vertrauensbasis zu deinem Gesprächspartner noch standhält. Verhaltensforscher haben beobachtet, dass ab diesem Zeitpunkt der Körper des Gesprächspartners unbewusst auf kleine Veränderungen reagiert, indem er die Bewegungen spiegelt. Dies ist das ausschlaggebende Indiz dafür, dass dir dein Gesprächspartner folgt. Beispiel: Du veränderst deine Körperhaltung. Wenn du eine starke Vertrauensbasis aufgebaut hast, wird dein Gesprächspartner deiner Körperhaltung folgen. Du schlägst die Beine übereinander, dann wird kurze Zeit später dein Gesprächspartner ebenfalls die Beine übereinanderschlagen. Das ist eine unbewusste Handlung.

Augenbewegungsmuster

Der Volksmund sagt, die Augen sind der Spiegel der Seele. In diesem Abschnitt werden wir auf die Augenbewegungsmuster eingehen. Sie geben dir sehr viele Hinweise zu deinem Gesprächspartner. Sie zeigen dir, ***wie*** er denkt, jedoch nicht, ***was*** er denkt. Und das in einer unbewussten und somit äußerst authentischen Art und Weise. Denn die Augenmuskeln sind die einzigen Muskeln im menschlichen Körper, die unbewusst gesteuert werden. Droht zum Beispiel Gefahr für das Auge, reagiert der Körper unmittelbar mit einem Augenschlag. So orientieren sich die Augen bei Denkprozessen unbewusst und dauerhaft in die verschiedenen Gehirnregionen. Stell dir vor, ein Autofahrer nimmt ein Telefonat an. Durch die Unkontrollierbarkeit der Augenmuskulatur wird er durch Fragen unbewusst dazu gebracht, in die entsprechenden Gehirnregionen zu „blicken". Dieser Prozess ist kaum steuerbar. Dies hat zur Folge, dass der stetige Blickkontakt auf den Verkehr unterbrochen wird. Manchmal sind Unfälle aufgrund von Unaufmerksamkeit die Folge. Daher fordern Verkehrsexperten, nicht nur die Benutzung eines Mobiltelefons, sondern das Telefonieren während des Autofahrens grundsätzlich zu verbieten.

Menschen speichern Informationen im Gehirn ab. Das menschliche Gehirn wird in verschiedene Gehirnspeicherplätze unterteilt: das Gesehene, das Gehörte und das Gefühlte. Anhand der Augenmuster können wir feststellen, auf welche Sinneswahrnehmung unser Gesprächspartner gerade zugreift. Mit ein bisschen Übung wird es dir gelingen, die bevorzugte Sinneswahrnehmung zu erkennen, sodass du diese gezielt ansprechen kannst.

Im Folgenden gehen wir auf die sechs verschiedenen Augenbewegungsmuster ein:

Die Augen von Menschen, die sich an etwas Gesehenes erinnern, werden sich, von dir aus gesehen, nach rechts oben orientieren. Achtung, es kann vorkommen, dass Linkshänder genau gegensätzlich reagieren. Somit würde der Linkshänder nach links oben blicken.

Die Augen von Menschen, die Bilder konstruieren, werden sich, von dir aus gesehen, nach oben links orientieren. Bei Linkshänder nach oben rechts. Dies ist jedoch kein Beweis dafür, dass dich dein Gesprächspartner anlügt. Es zeigt dir lediglich, dass er sich etwas vorstellen kann, z.B. stellt sich ein Architekt bildhaft ein zu erbauendes Gebäude vor. Befindet sich dein Gesprächspartner in einer solchen Konstruktionsphase, solltest du gemeinsam mit ihm an seiner Konstruktion arbeiten.

Die Augen von Menschen, die sich an etwas Gehörtes erinnern, werden sich, von dir aus gesehen, mittig nach rechts orientieren. Auch hier ist wieder darauf zu achten, dass der Linkshänder nach links blickt.

Die Augen von Menschen, die sich Geräusche, Klänge und Stimmen vorstellen, die sie noch nie gehört haben, werden sich, von dir aus gesehen, mittig nach links orientieren. Wohin, glaubst du, richtet sich der Blick bei Linkshändern? Richtig, der Blick wird sich nach rechts orientieren.

Die Augen von Menschen, die sich gerade in einem inneren Dialog befinden, werden sich nach rechts unten orientieren bzw. links unten beim Linkshänder. Wenn sich dein Gesprächspartner in einem solchen inneren Dialog befindet, solltest du es vermeiden, ihn durch Fragen zu stören. Es sei denn, du möchtest ihn in seinem Entscheidungsprozess bewusst unterbrechen.

Die Augen von Menschen, die sich an ein fühl- oder spürbares Gefühl erinnern, werden sich, von dir aus gesehen, nach unten links bewegen. Natürlich bewegen sich die Augen beim Linkshänder wieder auf die rechte Seite.

Möchtest du dich vergewissern, ob dein Gesprächspartner sich genau wie beschrieben verhält, kannst du im Vorfeld gewisse Fragen stellen, bei denen du die Reaktionsweise bereits kennst. Beispiel: Stelle dem Gesprächspartner eine Frage, die die Zukunft betrifft: „Wie, glaubst du, sieht die Welt in zehn Jahren aus?" Wenn sich die Augen, und wenn es nur für einen kleinen Augenblick ist, nach oben links bewegen, ist das ein Indiz dafür, dass er sich etwas vorstellt. Dein Gesprächspartner ***muss*** sich ja auch etwas vorstellen bzw. konstruieren, weil er die Zukunft nicht kennt.

Übung

Setze dich mit einem Freund, Kollegen, Teilnehmer gegenübersitzend zusammen und führe einen lockeren, ungezwungenen Smalltalk über ein beliebiges Thema. Beobachte dabei alles, was dir an seinen/ihren Augenbewegungsmustern auffällt, und schreibe es dir stichpunktartig auf.

____

____

____

____

____

____

Sprache und Tonfall

Kommunikation (von lat. communicatio = Mitteilung) beschreibt den Austausch bzw. die Übertragung von Informationen. Die Sprache und der Tonfall machen mit ca. 38 % der Kommunikation den zweitwichtigsten Faktor aus. Jede Kommunikation ist dadurch geprägt, dass mindestens zwei Gesprächspartner sich verbal (durch Sprache oder Gebärdenzeichen) und/oder non-verbal (durch Bewegungen, Gestik und Mimik) austauschen. Versuche im nächsten Schritt zum „Gleich-Werden", deinen Sprachstil einzubeziehen. Beim Sprechtempo solltest du darauf achten, dass du weder zu schnell noch zu langsam sprichst. Schnell sprechende Menschen neigen dazu, Wörter zu „verschlucken“. Dies ist für den Gesprächspartner unangenehm, weil dadurch Sätze missverstanden werden können, was unweigerlich das Risiko erhöht, Differenzen zu hören, wo keine sind. Das Sprechtempo kann auch durch Nervosität beeinflusst werden. Achte darauf, ob dein Gesprächspartner eine nervöse Stimme hat, und versuche in diesem Fall, ihm das Gefühl von Sicherheit zu geben. Rhythmus und Tonlage passt du dabei an deinen Gesprächspartner an.

Achte auch darauf, ob dein Gesprächspartner Lieblingswörter verwendet und wie ausführlich er Gesprächsinhalte umschreibt. Ist dein Gegenüber ein Mensch, der Dinge gerne ausführlich umschreibt, so wird er es schätzen, wenn du Dinge ebenfalls detailliert erklärst. Ist er dagegen kurz angebunden und konzentriert sich gerne auf prägnante Fakten, so vermeide es, detailliert zu beschreiben. Du könntest diesen Menschen mit ausführlichen Beschreibungen schnell langweilen.

Des Weiteren solltest du deine Gesprächslautstärke anpassen. Versuche, undeutliches Nuscheln oder Flüstern zu vermeiden. Sprich klar und deutlich, sodass deine Botschaften richtig verstanden werden. Um Defizite beim Sprechen abzubauen, empfiehlt es sich gegebenenfalls, einen Kurs in Rhetorik zu belegen. Stetige Sprachübungen werden dir dabei helfen, richtig verstanden zu werden.

Übung

Notiere dir einen beliebigen Satz. Sprich diesen Satz in unterschiedlichem Tempo aus. Damit lernst du, dein Sprechtempo zu kontrollieren.

Stimmungen

Wie, glaubst du, würde ein Gespräch verlaufen, wenn dein Gesprächspartner absolut glücklich ist und du absolut demotiviert bist? Wahrscheinlich würde sich der glückliche Gesprächspartner ungern von deiner negativen Stimmung anstecken lassen wollen. Deswegen solltest du am Anfang des Gespräches die gleiche Stimmungslage wie dein Gesprächspartner herstellen. Nur, wenn die gleiche Stimmung vorherrscht, kann eine tiefe Verbindung hergestellt werden. In der Gesprächspsychologie nennt man diesen Vorgang „Den Gesprächspartner abholen". Stelle deine eigenen Gefühle hintan. Versuche, die richtige Stimmung für das Gespräch herzustellen. Wenn dein Gesprächspartner, aus welchen Gründen auch immer, schlechte Laune hat, dann vermeide es jedoch, diese schlechte Laune anzunehmen. Spiegle ihm vielmehr seine Laune wider. Der Gesprächspartner wird dadurch gleich mit dir. Stell dir nur vor, seine schlechte Laune trifft auf deine gute Laune. Es gibt jedoch kein Gesetz, dass deine gute Laune auf ihn überspringt. Genauso gut kann es sein, dass er sich ungern von dir mitreißen lassen möchte. Wenn der Gesprächspartner nun bereit ist, sich auf das Gespräch einzulassen, kannst du ihn Zug für Zug in die von dir gewünschte Stimmung mitziehen.

Übung

Setze dich mit einem Freund, Kollegen, Teilnehmer gegenübersitzend zusammen und führe einen lockeren, ungezwungenen Smalltalk über ein beliebiges Thema. Beobachte dabei alles, was dir an seiner/ihrer Stimmung auffällt, und schreibe es dir stichpunktartig auf.

Meinungen und Weltanschauung

Vermeide es, mit deinem Gesprächspartner Meinungen oder Weltanschauungen zu diskutieren. Eine gewonnene Diskussion ist in manchen Fällen ein verlorener Gesprächspartner. Akzeptiere die Meinung deines Gegenübers. Nimm die Meinung auf und lobe sie, wenn du es mit deiner Anschauung vereinbaren kannst. Erst im nächsten Schritt solltest du deine Meinung zu einem Thema beisteuern. Hier ein wertvoller Tipp, wenn die Meinung deines Gesprächspartners eine andere ist als deine. Beispiel: „Alle blonden Frauen möchten nur auf sich aufmerksam machen." Versuche, in dieser Meinung einen kleinen Funken Wahrheit zu erkennen, konzentriere dich darauf und lobe genau diesen Ansatz. Wichtig ist dabei, dass du mit deiner Aussage ein Ziel verfolgst. In Kapitel 5 („Die Gesprächsteuerung") werde ich intensiver auf dieses Thema eingehen, insbesondere auf die Methoden für den richtigen Umgang, wenn du von deinem Gesprächspartner unfreiwillig mit einem heiklen Thema konfrontiert wirst. Themen wie Politik, Religion und die Diskussion um den „richtigen" Fußballverein sind durchaus heikle Themen, die die Stimmung schnell und unwiderruflich in falsche Richtungen kippen lassen können. Diese Themen solltest du vermeiden.

Übung

Notiere dir einige pauschalisierende Sätze, die deine Akzeptanz zu einer Meinung deines Gesprächspartners ausdrücken. Diese im Hinterkopf zu haben, wird dir in schwierigen Situationen helfen, gelassen auch mit Meinungen umzugehen, die deiner Weltanschauung widersprechen.

____

____

____

____

____

____

Konzentrationsübung 2

In der letzten Woche hattest du die Aufgabe, Kontrolle über deinen Körper zu bekommen. Ich gehe davon aus, dass du jetzt bereits vollkommene Kontrolle über deinen Körper hast. Diese Woche wirst du anfangen, deine Gedanken zu kontrollieren. Gehe wieder zu deinem Platz, wo du in der letzten Woche deine Übung durchgeführt hast. Werde absolut ruhig und vollkommen regungslos, wie du es in der letzten Woche gelernt hast. Diese Woche sollst du deine Übung erweitern, indem du jeden Gedanken, der dich stört, von dir weist. Kontrolliere deine Gedanken, befreie dich von Ängsten, Sorgen oder sonstigen störenden Gedanken. Sollte es dir schwerfallen, diese Gedanken zu von dir zu weisen, denke an deine Ziele oder Träume. Dies wird dich von den schlechten Gedanken abhalten.

Zusammenfassung

Im zweiten Kapitel hast du dich mit der Frage befasst, auf welcher Grundlage der Mensch Vertrauen aufbaut. Menschen treffen ihre Entscheidungen meistens persönlich und aus dem Bauch heraus.

Die Grundlage für dein erfolgreiches Gespräch ist ein hohes Maß an Vertrauen. Durch Vertrauen werden Widerstände vermieden. Dein Gesprächspartner wird das Gefühl des „Gleich-Werdens“ entwickeln, wenn es dir gelingt, bewusst auf seine Körpersprache, seine Augenbewegungsmuster, seine Sprache und seinen Tonfall, seine Stimmung und zuletzt auch seine Meinungen und Weltanschauung zu achten und ihm sein Verhalten widerzuspiegeln. Du kommunizierst mit deinem Gesprächspartner nun auf eine verbale und non-verbale Art und Weise. Merke dir: Auch wenn du der beste Fachmann auf deinem Gebiet bist – wenn dir dein Gesprächspartner nicht vertraut, wird er mit dir kein Geschäft machen. In einigen Fällen ist der Gesprächspartner davon überzeugt, dass er das Produkt oder die Dienstleistung benötigt, macht aber das Geschäft mit jemandem, dem er vertraut.

Aufgaben zur Lernkontrolle

1. Wem vertrauen die meisten Menschen, wenn es um die wichtigsten Entscheidungen im Leben geht, und warum?
2. Nenne fünf Ausprägungen, in denen man den Gesprächspartner spiegeln kann.
3. Warum wird die Körpersprache als eines der wichtigsten Elemente des „Gleich-Werdens" bezeichnet?
4. Welche Sinneswahrnehmungskanäle können aus dem Augenbewegungsmuster erkannt werden?
5. Wohin bewegen sich die Augen beim Rechtshänder in den nachfolgenden Beispielen?
   - Der Gesprächspartner befindet sich in einem inneren Dialog.
   - Der Gesprächspartner erinnert sich an ein Lied aus dem Radio.
   - Der Gesprächspartner stellt sich sein zukünftiges Haus vor.
6. Wie sollte man sich verhalten, wenn das Augenbewegungsmuster auf einen inneren Dialog hinweist?
7. Deutet das konstruierende Augenbewegungsmuster auf eine Lüge hin?
8. Wie viel Prozent der Kommunikation machen die Sprache und der Tonfall aus?
9. Was versteht man in der Gesprächspsychologie unter dem Vorgang „Den Gesprächspartner abholen"?
10. Warum sollte man am Anfang des Gespräches die Meinungen des Gesprächspartners akzeptieren?

Notizen

Kapitel 3: Die Charakter-Erkennung

In diesem Kapitel beschäftigst du dich mit den verschiedenen Charakter-Typen deines Gegenübers. Bei der Charakter-Erkennung, auch Temperamentenlehre genannt, handelt es sich um ein Modell, welches den Menschen in vier Grund-Wesensarten einteilt. Sie ist die älteste bekannte Persönlichkeits-Typenlehre und wurde von dem griechischen Arzt Hippokrates entwickelt, der ca. 460-370 v. Chr. lebte.

Die Charakter-Erkennung geht auf die Vier-Elementen-Lehre und die Humoralpathologie, auch bekannt als die Viersäftelehre, zurück. Die beiden Lehren wurden von dem griechischen Arzt und Anatom Galenos von Pergamon, der ca. 130-215 n. Chr. lebte, miteinander verknüpft. Galenos ordnete den vier menschlichen Körperflüssigkeiten Blut, Schleim, Schwarze Gallenflüssigkeit und Gelbe Gallenflüssigkeit je einer Wesensart zu, in der Annahme, dass sich das Temperament des Menschen je nach Mischungsverhältnis dieser Flüssigkeiten auspräge. Die Namen der Temperamente, die wir heute wie selbstverständlich verwenden, ohne uns der Herkunft bewusst zu sein, leiten sich aus den lateinischen und griechischen Wörtern für die Flüssigkeiten ab:

- Blut (lat. sanguis): der Sanguiniker oder auch Das lebhafte.ich
- Schleim (griech. phlegma): der Phlegmatiker oder auch Das träge.ich
- Schwarze Gallenflüssigkeit (griech. mélaina cholé): der Melancholiker oder auch Das schwermütige.ich
- Gelbe Gallenflüssigkeit (griech. cholé): Choleriker oder auch Das aufbrausende.ich

Entsprechend den vier Flüssigkeiten sind die Wesensarten in vier Kategorien eingeteilt. Diese Wesensarten kannst du in introvertierte und extrovertierte sowie rationale und emotionale Eigenschaften einteilen.

das schwermütige.ich	rational ↑	das aufbrausende.ich
ordentlich genau organisiert gewissenhaft nachdenklich launisch analytisch besorgt misstrauisch		direkt energisch entschlossen leistungsfähig entscheidungsfreudig dominant taktlos intolerant
introvertiert-rational		extrovertiert-rational
introvertiert ←		→ extrovertiert
das träge.ich		das lebhafte.ich
geduldig anpassungsfähig beständig gelassen achtsam starr zweifelnd ziellos ängstlich		optimistisch überzeugend kontaktfreudig überschwänglich sorglos taktlos reizbar hektisch oberflächlich
introvertiert-emotional	↓ emotional	extrovertiert-emotional

Die Charaktere

Das **schwermütige.ich** ist ordentlich, genau, treu, sensibel, organisiert, respektvoll, gewissenhaft, rücksichtsvoll, bescheiden und nachdenklich. Aber es ist auch unsicher, launisch, schüchtern, skeptisch, pessimistisch, ernst, übergenau, analytisch, hinterfragend, durchdacht, anspruchsvoll, besorgt, ängstlich und misstrauisch. Das schwermütige.ich verhält sich bescheiden und versucht, keinen Grund zu geben, etwas Schlechtes über sich zu denken. Das schwermütige.ich wirkt aufgrund seiner pessimistischen und nach innen gekehrten Art und Weise launisch. Durch seine Neigung zum Perfektionismus kann es passieren, dass jederzeit die Stimmung wechselt. Diese Eigenart kann seine Mitmenschen schnell entmutigen. Das schwermütige.ich zieht sich rasch zurück, wenn es sich zu Unrecht beanstandet fühlt. Es wird dann misstrauisch, nachtragend, manchmal sogar aufständisch. Auf der anderen Seite ist es ein treuer und ehrlicher Freund sowie ein guter Zuhörer. Das schwermütige.ich verfügt über Einfühlungsvermögen. Es plant äußerst präzise und gewissenhaft und bringt Geplantes meist zu Ende. Das schwermütige.ich hat manchmal Angst vor Veränderungen. Da es sich selten mit etwas Erreichtem zufriedengibt und ihm nichts gut genug ist, sind viele Erfinder und Wissenschaftler unter ihnen zu finden. Auf der anderen Seite ist das schwermütige.ich nur selten praktisch begabt.

Das **aufbrausende.ich** ist erregbar, direkt, mutig, aktiv, energisch, ehrgeizig, entschlossen, sicher, unabhängig, abenteuerlustig, leistungsfähig, selbstständig, selbstbewusst, zielbewusst, überzeugend, hartnäckig, bestimmend, ideenreich und entscheidungsfreudig. Aber es ist auch dominant, überheblich, manipulierend, zanksüchtig, arbeitssüchtig, taktlos, abweisend, ungeduldig, autoritär, dickköpfig, zügellos, intolerant, stur, ichbezogen und hitzköpfig. Das aufbrausende.ich ist eine ausgezeichnete Führungspersönlichkeit, da es schnell und vor allem sicher Entscheidungen trifft. Es sprüht vor Ehrgeiz und ist voller Arbeitslust, langweilt sich jedoch leicht bei den Details. Das aufbrausende.ich lässt sich wenig entmutigen. Es setzt zielstrebig seine Pläne um. Es beansprucht viel Autorität. Oft weist das aufbrausende.ich jedoch nur ein geringes Maß an Mitgefühl auf. Es liebt sich mehr als andere und wirkt dadurch oft arrogant, dominant. Es ruht sich nur selten aus. Nichtstun ist ihm ein Gräuel. Das aufbrausende.ich hat eine Neigung, sich im schönen Schein zu sonnen.

Das **träge.ich** ist geduldig, schüchtern, zurückhaltend, tolerant, diplomatisch, anpassungsfähig, beständig, beharrlich, verbindlich, beherrscht, sozial, gelassen, friedlich, genügsam und achtsam. Aber es ist auch starr, sorgenvoll, zweifelnd, zögernd, unbeteiligt, unschlüssig, lässig, ziellos, ängstlich, widerwillig, unauffällig, gleichgültig, begeisterungslos und unterwürfig. Das träge.ich ist ruhig und gleichzeitig friedliebend. Es ist mit den Abläufen zufrieden, wie sie gerade sind. Einmal implementierte und akzeptierte Abläufe hält es zuverlässig ein. Das träge.ich eignet sich bestens für Spezialisten-Tätigkeiten. Es missfällt ihm, jeden Tag vor neue Probleme gestellt zu werden. Änderungen fallen ihm schwer. Um flink zu arbeiten, braucht es gelegentlich Druck, da es am liebsten möglichst wenig tut. Durch diese Untätigkeit entmutigt es schnell andere. Das träge.ich ist ein guter Diplomat, da es gutmütig ist und mit anderen unkompliziert auskommt. Es ist meist bekannt für seinen trockenen Humor, lacht jedoch nur selten laut auf.

Das **lebhafte.ich** ist verspielt, fröhlich, optimistisch, spontan, überzeugend, gesprächig, beliebt, kontaktfreudig, gesellig, lustig, auffallend, anregend, hoffnungsvoll, gutmütig, munter, überschwänglich, sorglos und zufrieden. Aber es ist auch taktlos, reizbar, rastlos, wankelmütig, inkonsequent, unberechenbar unverschämt, nachgiebig, unorganisiert, undiszipliniert, vergesslich, hektisch, zerstreut, redselig, angeberisch, oberflächlich und aufdringlich. Das lebhafte.ich kommuniziert mit viel Mimik und Gestik. Es spricht mitreißend. Es hört selten aufmerksam zu und lässt sich leicht ablenken. Es wirkt daher oft unkonzentriert. Das lebhafte.ich steht gerne im Mittelpunkt und möchte mit möglichst vielen Menschen kommunizieren und Kontakt pflegen. Manchmal ist es sogar regelrecht süchtig nach Anerkennung und Bewunderung. Das lebhafte.ich verletzt andere, ohne es jedoch selbst zu bemerken. Obwohl es mitfühlend ist und einen großen Bekannten- und Freundeskreis besitzt, sind diese Freundschaften meist nur oberflächlich. Das lebhafte.ich vergisst Verabredungen und Versprechen, weil es unorganisiert ist. Das führt auch dazu, dass es selten Projekte beendet und daher kaum seine Ziele erreicht. Dem lebhaften.ich bereitet es mehr Freude, andere von etwas zu überzeugen, als diese Arbeit selbst zu verrichten. Es besitzt jedoch das Talent, eine motivierende Atmosphäre zu schaffen.

Jeder Mensch verfügt über alle vier Temperamente. Dass nur ein einziges Temperament vorherrscht, kommt so gut wie nie vor. Bei dem einen oder anderen stechen aber ein oder zwei Temperamente besonders hervor, manchmal wirkt noch ein drittes mit, während das vierte nur schwach ausgeprägt ist. Es ist häufig zu beobachten, dass das aufbrausende.ich und das schwermütige.ich eine Kombination bilden, ebenso das lebhafte.ich und das träge.ich. In dem jeweils ersten Temperament drückt sich die aktive und im zweiten die mehr passive Seite aus. Verbinden sich die aktiven Temperamente, also das aufbrausende.ich und das lebhafte.ich, ergibt sich oftmals ein hyperaktiver Charakter. Verbinden sich hingegen die passiven Temperamente, also das schwermütige.ich und das träge.ich, ergibt die Kombination meist einen sehr passiven, zweifelnden Charakter.

Die Temperamente können aber auch Gegensatzpaare bilden. Dabei ist eins der Temperamente sehr stark, das andere kaum ausgeprägt. Das aufbrausende.ich steht dem trägen.ich wie Feuer und Wasser als deutlicher Gegensatz gegenüber, ebenso das lebhafte.ich dem schwermütigen.ich wie Luft und Erde.

Ich betone an dieser Stelle ausdrücklich, dass es kein „gutes“ oder „schlechtes“ Temperament gibt. Jedes Ich hat sowohl positive als auch negative Eigenschaften. Im Rahmen der Erziehung durch die Eltern sowie im Rahmen des sozialen Umfelds sollten die Temperamente in ihrer jeweils positiven Kraft stärkend gefördert werden. Man sollte es also vermeiden, ein Temperament zu schwächen oder gar auszugleichen. Ideal wäre es natürlich, über die positiven Kräfte aller vier Temperamente frei zu verfügen – aber das ist in der Regel ein ferner Wunschgedanke.

Übung

Welches Temperament ist bei dir besonders ausgebildet? Wie schätzt du dich ein?

Einstellungen und Ziele der Temperamente

Für dein erfolgreiches Gespräch ist es außerordentlich wichtig, dass du dir der vier Temperamente bewusst bist und die dahinter verborgenen Charaktere kennst. Das aufbrausende.ich entscheidet aus ganz anderen Gründen als das träge.ich. Fragst du das lebhafte.ich, warum es den Kauf eines Produktes getätigt hat, erhältst du eine grundlegend andere Antwort als von dem schwermütigen.ich. Und dennoch neigst du bisher dazu, allen vier Temperamenten mit derselben Vorgehensweise zu begegnen. Das ist schlichtweg unmöglich, denn jedes Temperament möchte so behandelt werden, wie es selber ist. Auch Führungskräfte neigen dazu, dass sie allen vier Temperamenten mit derselben Ansprache entgegentreten und sich dann wundern, dass die Mitarbeiter unterschiedlich reagieren. Das hat oft zur Folge, dass sie Probleme bei der Erreichung ihrer Ziele zeigen. Idealerweise stellst du dich auf deinen Gesprächspartner bestmöglich ein, um ihn für dich zu gewinnen. Je besser du dein Gegenüber verstehst, desto mehr Erfolg wirst du in deinem Gespräch haben.

Schauen wir uns nun die Einstellungen und die Ziele der vier Temperamente an, um ihr Handeln besser zu verstehen:

Das **schwermütige.ich** möchte immer alles richtig machen. Es strebt Perfektion an und setzt hohe Ansprüche an sich und an andere. Von diesem Gesprächspartner eine spontane Entscheidung zu verlangen, wäre also der falsche Ansatz. Das Lebensziel des schwermütigen.ichs ist Berechenbarkeit in jeder Lebenslage.

Das **aufbrausende.ich** ist ein Macher. Es ist sehr selbstbewusst und auf das TUN ausgerichtet. Diesem Gesprächspartner auf der Gefühlsebene zu begegnen und das Gespräch mit einem Small-Talk zu beginnen, ist kontraproduktiv. Das aufbrausende.ich möchte von Anfang an klare Fakten und schnell zum Punkt kommen. Die Lebensziele des aufbrausenden.ichs sind Macht, Status, Dominanz und Unabhängigkeit.

Das **träge.ich** strebt ein hohes Wertesystem an. Darüber hinaus unterstützt und hilft es gerne anderen. Es erwartet von seinem Gesprächspartner Ehrlichkeit und Offenheit. Begegnest du diesem Gegenüber unehrlich, wirst du dein Ziel verfehlen. Wenn dir ein träges.ich etwas zu trinken anbietet, nimm es an, da es sich dann besser fühlen wird. Lehnst du seine Hilfe oder Unterstützung ab, entwickelt es schnell das Gefühl, ungeliebt zu sein. Das Lebensziel des trägen.ichs heißt Harmonie.

Das **lebhafte.ich** versucht, in allen Lebenslagen Spaß und durchaus viel Kontakt zu anderen zu haben. Es steht sehr gerne im Mittelpunkt und sieht sich als Nabel der Welt. Es fühlt sich gerne und oft bestätigt. Gibst du dem lebhaften.ich das Gefühl, dass es wichtig und toll ist, findest du den Weg zu seinem Herzen. Das Lebensziel des lebhaften.ichs ist Verehrung.

Übung

Welche konkreten Ziele ergeben sich aus deiner Kombination der Temperamente?

Erkenne das Temperament

Die große Herausforderung ist es, das Temperament deines Gesprächspartners möglichst schnell zu erkennen. Da der Verlauf eines Gespräches sehr stark von dem Ablauf der ersten Minuten geprägt ist, solltest du dich besonders auf diesen kurzen und wichtigen Zeitraum konzentrieren. Erste Hinweise wird dir die Begrüßung geben. Dabei kannst du beobachten, wie dein Gesprächspartner auf dich zukommt und dich begrüßt. Liegt diese erste Phase des Gespräches hinter dir, so wird dir die Art der Gesprächsführung sehr schnell weitere Hinweise auf das Temperament deines Gegenübers geben. Hierbei kannst du dessen Sprachwahl und die Art der Kommunikation beachten. Das hört sich im ersten Moment sehr schwierig und steif an. Aber mit ein bisschen Übung wirst du dieses Beobachten problemlos in eine unterbewusste Handlung überführen. Kannst du das Temperament anderer bereits erahnen?

Das **schwermütige.ich** wird in der Begrüßungsphase erst einmal den größtmöglichen Abstand wahren. Ein ausgestreckter Arm gibt ihm die Möglichkeit, dich „auf Distanz zu halten". Sehr wahrscheinlich ist ein kurzer, jedoch fester Händedruck. Das Gespräch verläuft in aller Regel eher emotionslos und ruhig. Wenn du dich auf seine launische Art einstellst, wirst du mit den richtigen, gut vorbereiteten Argumenten seinen Perfektionismus befriedigen können. Fordert das schwermütige.ich weitere Informationen zu einem Produkt, sollte man sie ihm liefern und sich gleichzeitig ausreichend Zeit nehmen, um seine Zweifel und Skepsis abzubauen. In Verhandlungen ist das schwermütige.ich kein leichter Gesprächspartner, da du es durch eine erfrischende, lebhafte Art nur schwer begeistern, geschweige denn beeindrucken wirst. Achte besonders auf deine Ausdrucksweise. Auch deine Informationen sollten fundiert und wahrheitsgemäß sein, da das schwermütige.ich ein sehr guter und aufmerksamer Zuhörer ist.

Das **aufbrausende.ich** wird durch seinen festen Händedruck bereits bei der Begrüßung versuchen, seine Vorstellung von der Rangordnung klarzumachen. Es wird dich unmissverständlich wissen lassen, dass es das Sagen hat. Ein sehr fester, einschüchternder Händedruck ist sehr wahrscheinlich. Auch wird das aufbrausende.ich deinen Blickkontakt suchen. Unterwirfst du dich ihm, wird es versuchen, das Gespräch an sich zu reißen und zu führen. Tritt ihm selbstbewusst gegenüber, jedoch vermeide eine ungewollte Provokation durch zu langen und intensiven Augenkontakt. Versuche, dem aufbrausenden.ich von Anfang an mit klaren Fakten zu begegnen, um zu signalisieren, dass du dich auf das Wesentliche konzentrierst. Dieser Charakter ist es gewohnt, schnell Entscheidungen zu treffen. Lieferst du ihm die richtigen Argumente auf den Punkt gebracht, nimmt das Gespräch schnell seinen Lauf in die eine oder andere Richtung. Entscheidet sich das aufbrausende.ich jedoch gegen deine Argumente, wird es sehr schwer sein, es vom Gegenteil zu überzeugen. Kontraproduktiv wäre es auch, sich in Details zu verlieren, da es sich schnell langweilen wird. Auch Argumente, die seine Umwelt betreffen, werden beim aufbrausenden.ich in aller Regel kaum zielführend sein, da es sich selbst an erster Stelle sieht. Gib deinem Gesprächspartner eine Aufgabe, die es dir ermöglicht, ihn zu loben. So wirst du einen Zugang zu ihm finden und dein Ziel erreichen.

Das **träge.ich** wird dir reserviert gegenübertreten. Ein kurzer, eher schlaffer Händedruck ist sehr wahrscheinlich. Dies muss kein Zeichen von Schüchternheit sein. Anders als ein extrovertierter Charakter wird es dir nur wenig Blickkontakt schenken. Versuche, dieses Verhalten zu akzeptieren. Das ist kein Zeichen von Antipathie. Das träge.ich könnte sich durch zu aufdringliche Versuche, Blickkontakt herzustellen, bedrängt fühlen, was die Kommunikation erschweren würde. Das träge.ich wird erstmal in eine „Wartestellung" eintreten, um herauszubekommen, was für ein Charakter sein Gesprächspartner ist. Tritt ihm ebenfalls reserviert, aber freundlich und in einer angemessenen Lautstärke gegenüber. Gib ihm das Gefühl, dass du ihn so akzeptierst, wie er ist, und dass du ihn magst. Das träge.ich wird dir freiwillig nur wenige Informationen geben. Hier ist eine gute Fragetechnik gefragt, um an das nötige Wissen zu gelangen, das du brauchst, um dein Ziel zu erreichen. Denn um das träge.ich zu einer Kaufentscheidung zu bewegen, bedarf es guter Argumente. So wird es dir leichter gelingen, vorhandene Zweifel und Sorgen abzubauen und das träge.ich zu einer Veränderung zu bewegen.

Das **lebhafte.ich** wird dich sehr offen und herzlich empfangen. Diese Menschen zeigen sich auch bei der Begrüßung fremder Menschen oft distanzlos und schließen dich im wahrsten Sinne des Wortes gleich in die Arme. Es wird dir viel von sich erzählen und eine offene Kommunikation eröffnen, in der es versucht, sich in den Mittelpunkt zu stellen. Vermutlich wirst du einige Geschichten hören. Dies ermöglicht dir, viele Informationen zu sammeln, die du nutzen kannst. Gib dem lebhaften.ich eine Bühne, sich darzustellen. Achte jedoch darauf, dass seine Konzentration hoch bleibt. Dies wird dir mit zahlreichen offenen Fragen gelingen, die es ihm zum einen ermöglichen, sich zu präsentieren, sodass du ihm die nötige Anerkennung gibst, zum anderen muss es sich mit dem Gesprächsthema dauerhaft beschäftigen und bleibt gedanklich beim Thema.

Die Temperamente in der Kommunikation

Wie du bisher festgestellt hast, weisen die verschiedenen Temperamente unterschiedliche Wesensmerkmale auf, die ihr Handeln, ihre Vorlieben, aber auch ihre Kommunikation stark beeinflussen. Gerade beim letztgenannten Aspekt kannst du einen positiven, aber auch negativen Grundstein für dein erfolgreiches Gespräch legen. Fassen wir daher noch einmal die wichtigsten Regeln für die Kommunikation mit den Temperamenten zusammen. Präge dir die Punkte gut ein.

In der Kommunikation mit dem *schwermütigen.ich* solltest du darauf achten, • dich auf Gespräche stets gut vorzubereiten, • fundierte Fakten zu liefern und realistisch zu bleiben, • beim Thema zu bleiben. In der Kommunikation mit dem *schwermütigen.ich* solltest du vermeiden, • unaufmerksam und unorganisiert zu sein, • Druck auf seine Entscheidungen auszuüben, • unüberlegt zu handeln.	In der Kommunikation mit dem *aufbrausenden.ich* solltest du darauf achten, • dich an das vorgegebene Gesprächsthema zu halten, • dich auf Gespräche stets gut vorzubereiten, • dich kurz und prägnant zu fassen. In der Kommunikation mit dem *aufbrausenden.ich* solltest du vermeiden, • unorganisiert und unvorbereitet zu sein, • missverständliche (vage) Aussagen zu treffen, • vom eigentlichen Thema abzukommen.
In der Kommunikation mit dem *trägen.ich* solltest du darauf achten, • eine positive Gesprächsatmosphäre zu schaffen, • viele offene Fragen zu stellen, • stets freundlich zu sein und Freiräume zu schaffen. In der Kommunikation mit dem *trägen.ich* solltest du vermeiden, • eine schnelle Entscheidung zu fordern, • unmittelbar mit dem Thema zu beginnen, • bestimmend aufzutreten.	In der Kommunikation mit dem *lebhaften.ich* solltest du darauf achten, • die Gefühlslage durch gezielte Fragen zu erörtern, • eine angenehme Gesprächsatmosphäre zu schaffen, • Raum zu geben, sich zu präsentieren In der Kommunikation mit dem *lebhaften.ich* solltest du vermeiden, • in deinen Beschreibungen zu viele Details zu geben, • kurz angebunden zu sein, • das Gespräch zu dominant zu führen.

Übung

Führe Gespräche mit deinen Freunden/Kunden und mache dir Notizen zu ihren Charakteren. Was fällt dir in den Gesprächsphasen Begrüßung, Aufwärmphase, Ermittlung des Kundenwunsches, Angebot deiner Ware/Dienstleistung, Darstellen des Nutzens, Abschluss, Einwandbehandlung und Verabschiedung auf?

Die Charaktere in der Verkaufssituation

Erinnere dich an die unterschiedlichen Charaktere und deren Eigenschaften. In der Verkaufssituation kannst du dir die Erkenntnisse zunutze machen, um die Charaktere in der Rolle des Kunden so anzusprechen, dass sie sich wohlfühlen.

Das **schwermütige.ich** ist sehr zurückhaltend, meidet Risiken und arbeitet daher sehr gewissenhaft. Es steht sich selbst und anderen sehr kritisch gegenüber. In der Verkaufssituation solltest du konkrete Fakten anbieten. Dieser Kunde steht nicht so sehr auf Smalltalk, sondern kommt gerne schnell zum Punkt und möchte über das Produkt sprechen. Stelle ihm dein Produkt vor. Das schwermütige.ich ist eher weniger an den menschlichen als an den sachlichen Faktoren interessiert. Sprich langsam mit ihm. Dieser Kunde ist stark kopflastig in seinen Kaufentscheidungen. Erwarte nicht zu viel Begeisterung über dein Produkt von ihm. Sei nicht zu überschwänglich. Überzeuge ihn mit hoher Qualität, guter Verarbeitung und einem deutlichen Nutzen für ihn. Das schwermütige.ich erwartet einen kompetenten Verkäufer. Es selbst ist meistens gut informiert über die Mitbewerber, deren Produkte und den Markt. Bereite dich dementsprechend sorgfältig vor. Gib diesem Kunden ausreichend Zeit für seine Kaufentscheidungen, da er diese gerne genau abwägt und auch hierbei kein Risiko eingehen möchte. Lieferst du ihm ein qualitativ hochwertiges Produkt zum möglichst günstigen Preis, wird er zufrieden sein.

Das **aufbrausende.ich** ist autoritär, sehr ehrgeizig und konsequent. Dieser Kunde ist kein einfacher, da er der klassische Chef-Typ ist und das auch ausstrahlt. Er geht gerne Risiken ein und fällt seine Entscheidungen anhand konkreter Fakten. Diese sind dann unumstößlich. In der Verkaufssituation kommt dieser Kunde schnell zur Sache und erwartet eine äußerst kompetente Beratung. Pass auf, dass er nicht vollends die Gesprächsführung übernimmt. Begegne dem aufbrausenden.ich auf Augenhöhe. Schaue diesem Kunden fest in die Augen und begegne ihm mit einer deutlichen, selbstbewussten (Körper-)Sprache, damit er dich als ebenbürtigen Partner betrachtet und den Respekt nicht verliert. Sei selbstbewusst, gib ihm aber gleichzeitig den nötigen Spielraum, seinen Charakter auszuleben. Das aufbrausende.ich erwartet einen Verkäufer, der sich fallabschließend um seine Anliegen kümmert und ihm einen konkreten Nutzen darstellt. Du solltest dich von diesem Kunden nicht einschüchtern lassen. Strahle Selbstbewusstsein aus, auch wenn er dich einmal provoziert. Fordert er einen Nachlass für dein Produkt, so fordere auch du eine Gegenleistung dafür ein.

Das **träge.ich** ist sehr verständnisvoll und emotional. Dieser Kunde möchte es allen recht machen. Wenn er dir vertraut, wird er sich dir öffnen. Bis dahin ist er jedoch sehr vorsichtig. In der Verkaufssituation solltest du vor allem Menschlichkeit an den Tag legen. Zeige echtes Interesse an ihm. Frage ihn nach seinem Befinden, seinen Bedürfnissen und seinen Wünschen. Er macht ungern viel Wind um seine Person. Verhalte dich ebenfalls so. Du wirst ihn viel fragen müssen, von sich aus wird er wenig preisgeben. Hat er ein gutes Bauchgefühl, wird er bei dir kaufen. Hat das träge.ich jedoch kein Vertrauen zu dir, wirst du nicht viel von ihm erwarten können. Dein Verkaufsverhalten muss seinen Werten entsprechen. Behandle ihn daher fair. Du solltest ihm stets einen gemeinschaftlichen Nutzen vermitteln, da es ihm wichtig ist, dass beide Seiten etwas von einem Geschäft haben. Strahle Verlässlichkeit aus und reagiere bei Gegenwehr mit Geduld und Verständnis. Sieht das träge.ich die verlässliche Arbeit und eine faire, hochwertige Beratung, wird es auch höhere Preise akzeptieren.

Das **lebhafte.ich** ist begeistert, voller Lebensfreude und Energie. Es findet schnell Kontakt zu anderen Menschen und wird auch dir offen und aktiv gegenübertreten. In der Verkaufssituation solltest du bei diesem Menschen auf Smalltalk setzen. Das lebhafte.ich redet gerne viel über sich, setzt sich gern in Szene. Lasse dich auf diese offenen Gespräche ein, gib ihm den Raum, den er benötigt und führe eine ebenso aktive Kommunikation. Achte auf eine offene Körpersprache und lache viel mit ihm. Wecke mit deinem Produkt ein gutes Lebensgefühl, wenn er sich dafür interessiert. Die Kaufentscheidung fällt dieser Kunde eher nach dem Bauchgefühl. Achte darauf, dass du für dein Produkt oder deine Dienstleistung Feuer und Flamme bist. Strahle Überzeugung und Begeisterung aus. Das lebhafte.ich ist daran interessiert, dass die Zusammenarbeit mit dem Verkäufer möglichst reibungslos verläuft. Es hat kein Interesse an Konflikten. Hast du diesen Kunden für dein Produkt gewonnen, wird er ein loyaler und begeisterter Kunde sein.

Welches Verhalten zeigt mein Gesprächspartner?

Hierzu kannst du dir ein kostenfreies Dokument auf meiner Homepage **www.richardwalz.de/download** herunterladen. Dieses Dokument kann dir helfen, den Charakter deines Gesprächspartners herauszufinden.

Konzentrationsübung 3

Diese Übung baut auf den vorigen Übungen auf. Deswegen nimm deine gewohnte Sitzposition ein. Im Gedanklichen und körperlich absolut ruhig, wie du es in der letzten Woche bereits gelernt hast. In dieser Woche wirst du dich fallen lassen. Entspanne deinen Körper. Nimm die Spannung aus deinem Körper! Beobachte jeden Körperteil, und solltest du bemerken, dass du verspannt bist, solltest du genau und bewusst die Spannung aus diesem Bereich nehmen. Der Körper ist den ganzen Tag unter Spannung. Dies bewirkt im Körper eine gewisse ***Über***spannung. Die Folge ist körperliche und geistige ***Ver***spannung. Durch diese Übung wird dein Körper eine absolute ***Ent***spannung erleben. Diese Entspannung wird dir noch mehr Energie und Ausdauer verschaffen. Bleib konzentriert. Es kann vorkommen, dass du eine tiefen Entspannung erlebst. Bitte nicht einschlafen ;-) bei der Übung.

Zusammenfassung

Im dritten Kapitel hast du die vier Grund-Wesensarten der Temperamentenlehre kennengelernt. Dieses Modell befasst sich mit den vier Wesensarten, die jeden Menschen prägen. Hierbei wurden dir das schwermütige.ich, das aufbrausende.ich, das träge.ich und das lebhafte.ich nähergebracht. Jetzt hast du dich mit der jeweiligen Grundeinstellung und den Zielen jeder Wesensart beschäftigt. Es ist wichtig, sich bewusst zu machen, aus welchem Antrieb heraus die jeweilige Wesensart ihre Entscheidungen trifft. Diese Motivationen zu kennen, vereinfacht es dir, das Gespräch in die gewünschte Richtung zu lenken und mit deinem Gesprächspartner gemeinsam eure Ziele zu erreichen. Jeder Mensch möchte so behandelt werden, wie er ist. Achte darauf.

Aufgaben zur Lernkontrolle

1. Von wem stammt das Modell der Temperamentenlehre bzw. die Charakter-Erkennung?
2. Benenne die vier Flüssigkeiten, die in der Viersäftelehre vorkommen.
3. Welche sind die zwei introvertierten Charaktere und welche die zwei rationalen?
4. Nenne fünf Charaktereigenschaften des schwermütigen.ichs.
5. Nenne fünf Charaktereigenschaften des aufbrausenden.ichs.
6. Nenne fünf Charaktereigenschaften des trägen.ichs.
7. Nenne fünf Charaktereigenschaften des lebhaften.ichs.
8. Nenne das Lebensziel des schwermütigen.ichs.
9. Nenne das Lebensziel des lebhaften.ichs.
10. Warum ist wichtig, sich der Wesensarten der Temperamentenlehre bzw. der Charakter-Erkennung bewusst zu sein?

Notizen

Kapitel 4: Die Informationssammlung

Nachdem du jetzt bereits eine gute Vertrauensbasis zu deinem Gesprächspartner aufbauen kannst und gelernt hast, den Menschen gefühlsmäßig „abzuholen", kommt nun ein weiterer Schritt zum erfolgreichen Gespräch. In diesem Kapitel lernst du, mit deinem Gesprächspartner ein angenehmes und widerstandsfreies Gespräch zu führen. Denn du bist mit deinem Gegenüber gleich geworden. Du benutzt die gleiche non-verbale und verbale Sprache wie er.

Du wirst dich in diesem Kapitel mit den Wörtern und ihrer Bedeutung beschäftigen. Ist dir auch schon einmal aufgefallen, dass man in einem Gespräch nie alle Informationen weitergeben kann? Ist dir bewusst, warum das so ist? Wir alle versuchen, in unseren Gesprächen alle wichtigen Informationen schnell und effektiv zu übermitteln. Dein Gesprächspartner und du, ihr habt nur eine bestimmte Zeit zur Verfügung, euch zum Ausdruck zu bringen.

Übung

Denke an ein Auto. Stelle es dir so detailliert wie möglich vor und notiere dir die Einzelheiten.

____

____

____

____

____

____

____

Du hast in wenigen Sekunden ein Bild von diesem Auto vor Augen gehabt. Wie lange hast du benötigt, um das Bild vor deinem geistigen Auge zu sehen?

Beschreibe nun einem Gesprächspartner dein Auto so genau wie möglich und bitte ihn, sich ebenfalls Notizen zu machen und sich „dein Auto“ vorzustellen.

____

____

____

____

Du wirst sehr schnell bemerken, dass dein Gesprächspartner und du deutlich mehr Zeit benötigt, damit er exakt dasselbe Auto sieht wie du. Somit hast du schon erkannt, dass Zeit eine wichtige Rolle bei der Kommunikation spielt. Es liegt an dir, welche wichtigen Detailinformationen du deinem Gesprächspartner gibst. Du hast nur eine beschränkte Zeit, um deine Meinungen, Ansichten oder Gefühle zum Ausdruck zu bringen. Du solltest also vermeiden, dich an „unwichtigen“ Details aufzuhalten. Sonst würde das Gespräch jeden Zeitrahmen sprengen.

Es beginnt bei dir eine sogenannte „Informationsfilterung“. Du beginnst, in kurzer Zeit das Wesentliche vom Unwesentlichen zu trennen. An dieser Stelle angekommen, musst du dir die Frage stellen: Was ist eigentlich das Wesentliche? Und wenn du die für dich wesentlichen Details definiert hast – bedeutet das dann auch automatisch, dass es auch wesentliche Details für deinen Gesprächspartner sind? Damit die ganze Tragweite des Informationsflusses deutlich wird, berücksichtige bitte auch, dass dein Gegenüber unkonzentriert sein kann und infolgedessen nur einen Teil des Gespräches aufnimmt.

Des Weiteren ist es von zentraler Bedeutung, welche Informationen hinter einem Wort stecken. Hierzu ein kleines Beispiel: Stelle dir bildlich eine Feder vor. Wie sieht deine Feder aus? Ist deine Feder weiß, groß, oder ist es eine Taubenfeder? Oder hast du dir vielleicht eine Blattfeder, die Feder eines Kugelschreibers oder sogar eine Fahrzeugfeder vorgestellt?

Hast du bemerkt, dass bestimmte Wörter in bestimmten Situationen unterschiedliche Bedeutungen haben können? Wenn man in einer Autowerkstatt steht, wird man sicherlich schnell an eine mechanische Feder denken. Ich habe, wie wahrscheinlich du auch, an eine Vogelfeder gedacht. Aber wie sieht deine Vogelfeder im

Detail aus? Ist es eine Straußenfeder, eine Taubenfeder? Ist sie weiß, schwarz oder bunt? Wenn du diese Frage mehreren Leuten stellst, wirst du feststellen, welche Vielfalt an unterschiedlichen Vorstellungen es gibt. Kommunikation kann dadurch teilweise sehr missverständlich sein.

Warum ist das aber so? Die Antwort ist denkbar einfach: Wir verknüpfen unweigerlich Worte mit Erfahrungswerten, die wir in Hinblick auf diese Worte gesammelt haben.

Jetzt haben wir mit der Feder ein relativ einfaches Beispiel angeführt. Stell dir dagegen die unterschiedlichen Interpretationsmöglichkeiten beim Thema „Liebe" vor. Hier stoßen wir das Tor zum Universum des Informationsflusses auf. Bei Themen dieser Tragweite kannst du den Vorstellungen und Meinungen deiner Gesprächspartner sicherlich näherkommen, jedoch nie übereinstimmend gleichkommen. Seit Tausenden von Jahren versuchen Philosophen, Niederschriften zu verfassen, welche die Liebe deutlich beschreiben. Aber bis heute blieb es lediglich bei dem Versuch, und so bleibt das Phänomen Liebe ein Phänomen.

Wir sind nun bereits mittendrin in dem Thema der mehreren Bedeutungen eines Wortes. Das ausgesprochene Wort ist abhängig von:

- der individuellen Erfahrung mit dem Wort
- der kulturell erlernten Erfahrung
- dem Kontext, in dem das Wort verwendet wird

In diesem Abschnitt wirst du lernen, wie du dich deinem Gesprächspartner inhaltlich näherst. Denn nur, wenn du von den gleichen oder im Idealfall sogar von denselben Inhalten sprichst, kannst du ein barrierefreies und verständnisvolles Gespräch führen. Sicherlich hast du schon einmal mit jemandem ein Gespräch geführt und das Gefühl gehabt, von deinem Gesprächspartner missverstanden worden zu sein.

Nach diesem wichtigen Kapitel wirst du dies vermeiden können. Du wirst deine Kommunikation neu gestalten. Du wirst erkennen, dass das „Gleich-Werden" sogar noch intensiver wird. Der sogenannte „Draht zum Gesprächspartner", deine Verbindung zu ihm, wird immer fester. Der Gesprächspartner öffnet sich dir, und du kannst deine Ziele erreichen.

Zusammengefasst geht es um folgende Punkte:

- Du vertiefst die Verbindung zwischen dir und deinem Gesprächspartner.
- Du stellst einen respektvollen und höflichen Umgang her.
- Du erkennst und würdigst die wahren Hintergründe und Handlungsmotive deines Gesprächspartners (diese Würdigung ist die Grundlage, um eine dauerhafte Überzeugung zu schaffen).

Stell dir vor, du wachst in einem dunklen, dir unbekannten Raum auf. Wie verhältst du dich? Läufst du so schnell wie möglich los und suchst den Ausgang? Aber wo ist der Ausgang? Welche Hindernisse stehen dir in dem dunklen Raum im Wege? Oder wirst du dich langsam auf die Suche nach dem Ausgang machen? Tastest du den Raum langsam und besonnen ab, bis du dich auskennst und weißt, welche Hindernisse dir im Weg stehen? Wir glauben, die Lösung schon zu kennen. Du wirst wahrscheinlich, wie viele Menschen, die zweite Variante wählen und langsam und behutsam dem Raum erforschen.

Versuche, dieses Verständnis auf dein Gespräch zu übertragen. Jedes Gespräch beinhaltet die Chance, ohne größere Hindernisse dein Ziel zu erreichen. Mit diesem Verständnis solltest du in jedes Gespräch hineingehen.

Die Möglichkeiten der Informationssammlung

Bei der Informationssammlung kannst du drei Arten der Verschlüsselung der Sprache unterscheiden:

Das Ausblendungssystem

Dein Gesprächspartner lässt einige Details oder Informationen in dem Gesprochenen weg, er blendet sie aus.

Das Bewertungssystem

Dein Gesprächspartner bewertet Wörter auf seine Weise und nach seinem Verständnis. Das bedeutet jedoch, dass Wörter nicht zwingend mit deiner Bewertung übereinstimmen.

Die Verallgemeinerung der Tatsachen

Hierbei werden Zustände verallgemeinert, zum Beispiel „Alle Babys sind laut und nervig".

Das Ausblendungssystem

- Ich habe dich lieb!
- Ich habe Angst!
- Ich habe Hunger!

Dein Gesprächspartner verwendet diese Art von Gespräch, um Zeit zu sparen. Er versucht seine wichtigsten Informationen auszusprechen und alles andere auszublenden. Dies kann manchmal zu Verständnisproblemen führen. Menschen, die das Ausblendungssystem verwenden, sprechen gerne im sogenannten Telegrammstil, denn für sie ist der zeitliche Faktor sehr wichtig.

Anhand der oben genannten Beispielsätze kannst du erkennen, dass wichtige Informationen ausgelassen wurden. Du kannst dich selbstverständlich mit der Aussage „Ich liebe dich!" zufriedengeben, doch ist es immer interessant, was genau der Partner unter „jemanden lieben" versteht. Vielleicht möchte sie oder er dir damit sagen, dass du ein guter Partner bist, weil du sehr verlässlich bist. Das bleibt bei der Aussage jedoch offen. Ohne die romantische Stimmung zu ruinieren, sollte man trotzdem gelegentlich die Frage stellen „Was genau liebst du denn an mir?". Die Frage ist erlaubt, und wenn man sie im richtigen Moment stellt, kann sie extrem spannend und belebend sein.

„Ich habe Angst!" – Gehen wir bei diesem Beispiel einen Schritt weiter. „Wovor hast du Angst?" Die Antwort deines Gesprächspartners ziehen wir heran und hinterfragen sie weiter, um neue, zusätzliche Informationen zu erhalten. Wenn dein Gegenüber antwortet, dass er vor der Dunkelheit Angst habe, nehmen wir die Dunkelheit zum Anlass für weitere Fragen: „Was bewirkt die Dunkelheit bei dir?" Hier könnte die Aussage kommen, dass es die Angst ist, über etwas Unerwartetes zu stolpern. Somit haben wir den Begriff „Angst" auf „die Befürchtung, zu fallen und sich zu verletzten" verändert. Anhand der letzten Aussage können wir sicherlich eine praktische Lösung anbieten: „Lege dir eine Taschenlampe an deine Seite, die du nachts verwenden kannst."

Nachdem du nun an dieser Stelle angekommen bist, kannst du die letzte Aussage analysieren: „Ich habe Hunger!" Was möchte dein Gesprächspartner damit zum Ausdruck bringen? Könnte man hier eventuell einen verstecken Appell vermuten? Dieser Appell könnte lauten: „Kannst du mir bitte etwas zu essen kochen?"

Wenn du das Ausblendungssystem erkennen möchtest, solltest du auf die Menge der übermittelten Informationen achten. Nur, wenn du ein klares Bild von der Situation bzw. ein klares Verständnis des Ausgesprochenen hast, kannst du darauf verzichten, auf die Details einzugehen.

Das Motto des Ausblendungssystems ist: So wenig wie nur möglich sagen und dennoch die wesentlichen Dinge aussprechen.

Bei der „normalen" Ausblendung werden meistens Informationen ausgelassen. Es gibt jedoch Sonderformen, bei denen ein Vergleich, Umstände oder Einschränkungen ausgelassen werden. Hierzu jeweils ein Beispiel:

Ausblendung des Vergleichs

„Der Urlaub ist mir zu teuer." – Hier kannst du erkennen, dass der Vergleich ausgelassen wurde. In diesem Falle kann die Frage „Zu teuer im Vergleich wozu?" die benötigte Information an den Tag bringen.

Ausblendung von Umständen

„Wenn wir so weitermachen, wird das zum Problem." – Hier wird ein Umstand angesprochen in der Form von „Zum Problem werden". Es wird ausgeblendet, für wen es ein Problem wird. Die Lösung könnte die Frage sein: „Für wen wird das ein Problem werden?".

Ausblendung von Alternativen

„Das kann ich nicht schaffen." – Dieser Satz beinhaltet eine Einschränkung. Nämlich das Wort „nicht". Hier sieht dein Gesprächspartner nur die Einschränkung, und diese kann ihn sogar beherrschen. Bei dieser Ausblendung solltest du darauf achten, dass du deinem Gegenüber die Einschränkung nimmst und ihm die Frage stellst: „Was passiert, wenn du es nicht schaffst?" Und: „Welche Alternativen gibt es?"

Diese Methode des Hinterfragens kann jedoch eine starke Wirkung bei deinem Gesprächspartner auslösen. Die Antwort, die dir dein Gegenüber gibt, kann die Einleitung einer massiven Willensveränderung darstellen. Sie kann sehr manipulativ wirken. Hierzu benötigst du einen intensiven Draht zu deinem Gesprächspartner. Deswegen solltest du sehr bewusst mit solch einer Frage umgehen.

Das Bewertungssystem

Das Bewertungssystem ist eine in Worte gefasste Erfahrung. Bei diesem System hat also im Vorfeld ein Prozess in der Form stattgefunden, dass dein Gesprächspartner eine Erfahrung gemacht hat und diese als wahr empfindet. Die Erfahrung wandelt sich in seinen Augen in eine Tatsache um. Sie wird zu einem in Worte gepackten Ergebnis. Durch die eigene Erfahrung werden die Worte mit vielen Emotionen verknüpft. Hierzu ein Bespiel:

„Meine Entscheidung, den Job nicht anzunehmen, fällt mir schwer."

Der Prozess, also die gemachte Erfahrung, liegt in dem Wort „Entscheidung". Um eine Entscheidung zu treffen, werden im Vorfeld einige Überlegungen angestellt. Auf diese Entscheidung solltest du dich konzentrieren. Eine hilfreiche Frage kann in diesem Fall sein: „Was hindert dich daran, dich anders zu entscheiden?" Bei der Beantwortung dieser Frage muss dein Gesprächspartner seine Emotionen, seine Erfahrungen kundtun.

Mit etwas Übung und genauem Zuhören wird das Bewertungssystem des Gesprächspartners sehr schnell erkennbar werden. Achte auf abstrakte Wörter, deren Gehalt man also nicht physisch anfassen kann, z.B. Liebe, Angst, Sorge oder Entscheidung; diese sind Gefühle, also immateriell.

Die Verallgemeinerung der Tatsachen

- Mich hat niemand lieb.
- Ich habe immer nur Pech.
- Die Welt ist schlecht zu mir.

Die Verallgemeinerung kannst du recht einfach erkennen. Diese Meinung kannst du als „Es ist nur schwarz oder weiß“ bezeichnen. Das Ausgesprochene wird als unumstößlich wahrgenommen.

Wieso ist das aber so? Dein Gesprächspartner hat irgendwann in seinem Leben eine Erfahrung gemacht. Wenn sich die Erfahrung dauerhaft bestätigt, wird sie für ihn zur Realität. Wenn diese Realität einmal gefestigt ist, gibt es für deinen Gesprächspartner keine andere Meinung mehr zu diesem Thema. Bei diesen Aussagen werden Gefühle in Dinge verwandelt. Der Teufelskreis von Ursache und Wirkung hat begonnen. Wie kannst du diesen durchbrechen und einen positiven Verlauf einleiten? Vermeide zu tun, was die meisten Menschen in dieser Situation tun würden: Vermeide es, eine solche Aussage zum Anlass zu nehmen, einen „guten Tipp“ zu geben. Das kann nur in die Hose gehen. Der gut gemeinte Tipp ist für deinen Gesprächspartner abstrakt. Tipps wie „Ach, das wird schon!“ oder „Auf jeden Topf passt ein Deckel!“ und „Irgendwann findest du schon den Richtigen/die Richtige!“ führen eher dazu, dass sich dein Gegenüber unverstanden fühlt. Besser ist: „Hast du wirklich noch nie jemanden kennengelernt, der dich liebte?“ Wie wirkt nun diese Frage auf den Gesprächspartner? Wahrscheinlich wird er sagen: „Natürlich hat mich schon mal jemand geliebt.“ Somit hast du schon einen Teil seiner festen Ansicht verschoben. Nun kannst du nachhaken: „Was war damals anders als heute?“ Oder: „Was muss passieren, dass diese Situation wieder eintritt?“ Schon wird dein Gegenüber dazu motiviert, einen Lösungsansatz zu finden, den du gemeinsam mit ihm besprechen kannst.

Versuche dich an der nächsten Aussage: „Ich habe immer nur Pech!“

Kleiner Tipp: Was ist die Ursache und was ist die Wirkung? Die Ursache ist, dass er in seinem Leben immer nur Pech empfunden hat. Die Wirkung ist, dass er glaubt, deswegen lebenslang das Pech gepachtet zu haben.

Wie kannst du deinem Gesprächspartner helfen? „Das heißt, du hattest noch nie Glück im Leben?“ oder „Was bedeutet eigentlich Pech für dich?“. Versuche es mit „Hattest du schon einmal Glück im Leben?“ oder „Was bedeutet Glück für dich?“ Auf diese Frage könnte die Antwort lauten: „Na ja, wenn ich im Lotto gewinne.“

Daraufhin kannst du ihn fragen: „Spielst du Lotto? Wer gewinnt beim Lotto? Derjenige, der Lotto spielt, oder der, der nicht spielt?“

Vermeide ein Verhör

Bitte vermeide es unbedingt, aus dem Nachfragen ein Verhör zu machen. Hierzu geben wir dir ein paar wertvolle Tipps:

Gesprächsgrundlage schaffen

Du solltest vor dem Hinterfragen beginnen, eine gute Gesprächsgrundlage zu schaffen. Baue Vertrauen auf, wie du es in den vorherigen Kapiteln gelernt hast. Nur, wenn diese Grundlage geschaffen wurde, ist dein Gesprächspartner bereit, auf deine Fragen zu antworten. Oder würdest du einem Fremden alles beantworten, was er von dir wissen möchte?

Den richtigen Ton treffen

Der Ton macht die Musik …

Die richtigen Fragen zum richtigen Zeitpunkt stellen

Hör auf dein Bauchgefühl. Erst wenn du das Gefühl hast, nachhaken zu müssen, solltest du es auch tun.

Nicht Geheimagent spielen

Vermeide es, wie ein Polizist die Sachlage zu untersuchen. Da würde sich jeder wie ein Verbrecher vorkommen. Nimm manche Aussagen einfach mal hin, ohne zu hinterfragen. Manchmal möchte dein Gegenüber auch nur einfach mal Dampf ablassen.

An dieser Stelle möchte ich dir gratulieren. Du wirst ab dem heutigen Zeitpunkt noch bessere Gespräche führen. Du wirst von deinen Mitmenschen als ein angenehmer Gesprächspartner wahrgenommen werden. Du hast ein weiteres wertvolles Gesprächswerkzeug an die Hand bekommen. Im nächsten Kapitel wirst du einen weiteren Schritt lernen, wie du an dein gewünschtes Ziel kommst.

Noch ein letzter Hinweis: Bleibe ein fairer Gesprächspartner. Respektiere die Ziele deines Gesprächspartners und bringe euch beide in eine WIN-WIN-Situation. Bedenke: Ein gewonnenes Gespräch ist eventuell ein verlorener Gesprächspartner.

Konzentrationsübung 4

Du bist durch die letzten Konzentrationsübungen in eine geistige und körperliche Entspannungsphase gekommen. Diese Woche wirst du weiter an deiner geistigen Stärke arbeiten. Nimm deine Sitzposition, die du schon in der letzten Woche eingenommen hast, ein. Beruhige deinen Körper und bleibe bewegungslos. Diese Woche wirst du zusätzlich alle Gedanken von dir weisen. Eventuell einen Trick, wenn es dir schwerfällt, loszulassen: Konzentriere dich auf deinen Atem. Atme bewusst ein und aus. Beobachte dein Atmen: wie dein Oberkörper sich hebt, die Luft über deine Lippen oder durch die Nase strömt. Lass dadurch keinen anderen Gedanken zu. Du wirst wahrscheinlich schon so stark sein, dass du eventuell jetzt oder etwas später bemerken wirst, dass du in deinen Gedanken deutlich stärker geworden bist.

Zusammenfassung

Im vierten Kapitel hast du gelernt, Worte in den Fokus zu stellen. Du hast erkannt, dass Menschen Wörter mit ihren unterschiedlichen Erfahrungswerten oder anderweitigen Informationen füllen. Festgestellt hast du ebenfalls, dass mit der unterschiedlichen Bewertung der Worte auch Missverständnisse einhergehen können. Diese Missverständnisse können katastrophale Auswirkungen für den Ausgang des Gespräches haben. Das langsame Vortasten in das Gespräch kann mit einem langsamen Vortasten in einen unbekannten Raum verglichen werden. Somit erkennst du, dass Menschen zwar miteinander sprechen, das Problem aber manchmal im unterschiedlichen Verständnis der Wörter liegt.

Mit der Informationssammlung bekommst du eine Systematik an die Hand, die für dich und deinen Gesprächspartner viele Vorteile hat. Erstens vertiefst du die Intensität des Gespräches. Beide Seiten haben mehr Verständnis für ihr Gegenüber. Zweitens hast du einen Gesprächsleitfaden, den du dauerhaft verfolgen kannst. Die Informationssammlung verschafft dir ein angenehmes, reibungsloses und erfolgreiches Gespräch. Durch die Zielorientierung kannst du dich auf das Wesentliche konzentrieren. Somit hast du mehr Energie für das Gespräch.

Aufgaben zur Lernkontrolle

1. Welche Probleme können in einem Gespräch entstehen und warum?
2. Welche Vorteile hat die Informationssammlung?
3. Welche Gründe kann es dafür geben, dass Menschen Wörter unterschiedlich verstehen?
4. Was kann passieren, wenn man auf die Informationssammlung verzichtet?
5. Welche drei Arten der Verschlüsselung der Sprache gibt es?
6. Nenne ein Beispiel für die Ausblendung von Informationen. Wie kann man diese Information dem Gesprächspartner entlocken?
7. Nenne ein Beispiel für die Bewertung eines Wortes. Wie kannst du die Bewertung des Gesprächspartners verstehen?
8. Was versteht man unter einer Verallgemeinerung? Gib ein Beispiel an und einen Lösungsansatz, wie du die Verallgemeinerung auflösen kannst.
9. Welche Arten von Ausblendungen gibt es? Nenne bitte drei Arten der Ausblendung.
10. Die Informationssammlung bietet viele Vorteile. Nenne zwei Gefahren, die bei der Verwendung der Sprachanalyse lauern.

Notizen

Kapitel 5: Die Gesprächssteuerung

Die Informationssammlung ist der Beginn des Gespräches. Du tastest dich in das Gespräch und lässt deinem Gesprächspartner die Möglichkeit, sich zu öffnen. An dieser Stelle wiederhole ich einen Teil aus dem vorigen Kapitel. Am Anfang des Gespräches steht das „Abholen des Gesprächspartners". Aber von wo holst du ihn ab? Dein Gesprächspartner ist irgendwo mit seinen Gedanken. Mithilfe der Beobachtung seiner Augenbewegungsmuster und der Informationssammlung wirst du schnell erkennen, wo er sich gerade gedanklich befindet. Wenn du das erkannt hast, kannst du zum Kernstück deines Gespräches kommen. Ab jetzt wirst du das Ruder in die Hand nehmen. Du wirst das Gespräch übernehmen und in die von dir gewünschte Richtung steuern. Ab diesem Zeitpunkt übernimmst du die Verantwortung für das Gespräch und damit auch für den Ausgang des Gespräches.

Das hört sich manipulativ an? Ist es auch! Zumindest in gewisser Weise – denn wie bereits in der Einleitung erwähnt, kannst du deine Kommunikation boshaft betreiben oder im Interesse deines Gesprächspartners nutzen. Stell dir vor, du möchtest deinem Kind ein paar wertvolle Tipps vermitteln, wie es über die Straße gehen soll. Diese Tipps sind von solch großer Bedeutung, dass das Leben des Kindes davon abhängen kann. Du möchtest unbedingt vermeiden, dass dein Kind unkontrolliert über eine Straße geht. Was wirst du deinem Kind sagen? Wirst du ihm Schauermärchen erzählen, um es davon abzuhalten, die Straße zu überqueren? Oder versuchst du es mit ständiger Überzeugungsarbeit? Wie möchtest du deinem Kind die Information vermitteln? Hinzu kommt, dass Kleinkinder keinerlei Verständnis von Gefahren haben. Ziel ist es, dein Kind von deiner Meinung zu überzeugen, sodass es sie annimmt. Und Hand aufs Herz: Das wollen wir doch in den meisten Gesprächen erreichen. Du kennst sicherlich auch Menschen, die eine andere Wahrnehmung haben als du selbst. Ob Kleinkind oder Erwachsener – wir vermitteln

Informationen so, dass unser Gesprächspartner unseren Ausführungen folgt und unsere Meinung annimmt.

Aber wie kann ich das erreichen, wie kann ich am besten überzeugen? Hierzu kann ich dir einen wertvollen Tipp geben. Erstens: Gib deinem Gesprächspartner die Möglichkeit, seine Argumente zum Ausdruck zu bringen. Seine Aussagen werden deine Grundlage für das folgende Gespräch werden. Zweitens: Nachdem der Gesprächspartner seine Argumente genannt hat, kannst du mit deiner Überzeugungsarbeit beginnen. Diese Situation kannst du dir wie ein Pokerspiel vorstellen. Der Gesprächspartner soll seine Karten auf den Tisch legen, danach kannst du deine Trumpfkarten ausspielen. Ich bitte, diese Gesprächsstrategie nicht als unfaires Mittel zu sehen. Wir verschaffen uns mit dieser Art und Weise nur Klarheit, was der Gesprächspartner denkt oder möchte. Dadurch möchte ich dich in die Lage versetzen, dass du die wahren Handlungsgründe und Ziele deines Gesprächspartners erkennst und diese gemeinschaftlich mit ihm erreichst. Somit entsteht eine WIN-WIN-Situation.

Nun befassen wir uns mit modernen Techniken, die in der Psychologie und in den aktuellen Verkaufsstrategien angewandt werden. Die Gesprächssteuerung soll bewusst Informationen ausblenden. Das hat für den Gesprächspartner und dich den Vorteil, dass du es dem Gesprächspartner überlässt, die Wörter zu bewerten. Dadurch schaffst du den Freiraum, dass er sich verstanden fühlt. Dein Gesprächspartner wird sich von deiner Argumentation selbst überzeugen. Er wird deine Ansichten übernehmen. Wir gehen sogar noch weiter – dein Gesprächspartner wird davon überzeugt sein, er selbst habe das Gespräch kontrolliert.

Ich unterscheide zwei Techniken:

- Die Umkehrung der Informationssammlung
- Die Steuerung des Gesprächsverlaufes

Wie diese Techniken in der Praxis dauerhaft angewandt werden, beweisen Politiker ständig. Beispielhaft widmen wir uns einem Auszug aus der Neujahrsansprache 2014 von Angela Merkel im Wortlaut:

„Liebe Mitbürgerinnen und Mitbürger,
2014 wird als ein Jahr in Erinnerung bleiben, das anders verlaufen ist, als wir uns das zu Silvester vor einem Jahr vorstellen konnten.
Es war das Jahr, in dem wir in Europa in lange nicht gekannter Härte erfahren haben, was es bedeutet, wenn Grundlagen unserer europäischen Friedensordnung infrage gestellt werden – also die freie Selbstbestimmung der Völker. Genau das mutet Russland der Ukraine zu.
Es steht völlig außer Frage, dass wir Sicherheit in Europa gemeinsam mit Russland wollen, nicht gegen Russland. Aber ebenso steht völlig außer Frage, dass Europa ein angebliches Recht eines Stärkeren, der das Völkerrecht missachtet, nicht akzeptieren kann und nicht akzeptieren wird.
Deshalb war 2014 auch das Jahr, in dem Europa genau diese Herausforderung verstanden und gemeinsam mit seinen transatlantischen Partnern angenommen hat. [...]
Kürzlich erzählte mir jemand von einem Kurden, der heute Deutscher ist. Vor vielen Jahren sei er aus dem Irak geflohen – unter sehr schwierigen Bedingungen. Unter Lebensgefahr. Er habe gesagt, das Wichtigste sei für ihn in Deutschland, dass seine Kinder hier ohne Furcht aufwachsen könnten.
Und, liebe Mitbürgerinnen und Mitbürger, welch großes Glück es ist, dass wir seit bald 25 Jahren in einem in Frieden und Freiheit geeinten Land leben können, das konnten wir trotz aller Anstrengungen und trotz aller Probleme auch unseres Alltags gerade auch in diesem Jahr spüren.
Wir spüren, welchen Wert es hat, wenn die Zahl der Menschen, die Arbeit haben, so hoch ist wie noch nie oder wenn wir im kommenden Jahr das erste Mal seit 46 Jahren keine neuen Schulden im Bund aufnehmen müssen und Schluss machen können mit dem Leben auf Pump. [...]“

Frau Merkel ist als eine sehr diplomatische Rednerin für ihre politische Korrektheit bekannt. Diese Rede ist geradezu durchzogen mit Umkehrungen der Sprachanalyse.

„2014 wird als ein Jahr in Erinnerung bleiben, das anders verlaufen ist, als wir uns das zu Silvester vor einem Jahr vorstellen konnten.“

Wie empfindest du diesen Satz? Stimmst du diesem Satz zu? Oder stößt er bei dir auf Ablehnung? Es handelt sich um eine allgemeingültige Aussage. Er gewinnt dir eine sehr starke Zustimmung ab, denn egal, welches Jahr wir hier anführen würden: Er passt immer. Dieses Jahr, im nächsten oder übernächsten Jahr. Ein bekanntes Sprichwort lautet: „Erstens kommt es anders, und zweitens als man denkt". – Der Einstiegssatz wurde von Frau Merkel höchstwahrscheinlich bewusst gewählt, um zu Beginn ihrer Ansprache keinen Widerstand zu erzeugen. Dies ist wichtig, um von Anfang an eine positive und wertungsfreie Stimmung zu vermitteln. Die moderne Psychologie hat festgestellt, dass es darauf ankommt, zu Beginn eines Gespräches gleiche Ansichten und Werte zu transportieren. Die Einleitung ist der erste Kontakt zu deinem Gesprächspartner. Von der ersten Sekunde an wird dein Gesprächspartner deine Aussagen auf ihren Wahrheitsgehalt überprüfen. Sollte er das Gefühl haben, dass du anderer Meinung bist als er selber, wird er von diesem Zeitpunkt an bewusst oder unbewusst alle deine Aussagen auf den Wahrheitsgehalt der Inhalte überprüfen. Er wird auf der Lauer sein, da er ansonsten Gefahr läuft, benachteiligt zu werden.

Was passiert aber, wenn dein Gesprächspartner das Gefühl hat, dass du absolut Recht hast mit deinen Aussagen? Das Gespräch wird schon nach kurzer Zeit nur noch temporär auf den Wahrheitsgehalt untersucht, da der Gesprächspartner Widerstände automatisch missachtet. Du nimmst ihn mit auf die „JA-Straße".

„Es steht völlig außer Frage, dass wir Sicherheit in Europa gemeinsam mit Russland wollen, nicht gegen Russland. Aber ebenso steht völlig außer Frage, dass Europa ein angebliches Recht eines Stärkeren, der das Völkerrecht missachtet, nicht akzeptieren kann und nicht akzeptieren wird."

Stimmst du der Aussage ebenfalls zu? Hast du überhaupt überprüft, was Frau Merkel damit zum Ausdruck bringen möchte? Fest steht, dass alle Menschen ihre Sicherheit lieben. Und jetzt kommt ein weiterer cleverer Schachzug von Frau Merkel. Woran denkst du bei diesem Ausspruch? An dein Auto oder wohin du in den nächsten Urlaub fahren möchtest? Nein, du denkst wahrscheinlich an die aktuell vorherrschende Sicherheitslage und den damit verbundenen Konflikt zwischen Europa und Russland. Frau Merkel hat es geschafft, dass du ihren Gedanken folgst.

„Deshalb war 2014 auch das Jahr, in dem Europa genau diese Herausforderung verstanden und gemeinsam mit seinen transatlantischen Partnern angenommen hat."

Analysiere diesen Satz. Wer ist mit Europa gemeint? Haben alle Länder der Europäischen Union die gleichen Ansichten? Warum spricht Frau Merkel nicht von Deutschland? Wen würdest du verurteilen, wenn die Aussage falsch wäre? Frau Merkel, Deutschland oder Europa? Man kann nur sehr schwer eine einzelne Person als Schuldigen ausmachen, wenn allgemein Europa als handelnder Personenkreis benannt wird. Und wer sind eigentlich die transatlantischen Partner? Warum spricht Frau Merkel keine Staaten wie zum Beispiel die Vereinigten Staaten von Amerika direkt aus? Soll dies von einer möglichen aktuellen Spannung zwischen den Staaten ablenken?

„Kürzlich erzählte mir jemand von einem Kurden, der heute Deutscher ist. Vor vielen Jahren sei er aus dem Irak geflohen – unter sehr schwierigen Bedingungen. Unter Lebensgefahr. Er habe gesagt, das Wichtigste sei für ihn in Deutschland, dass seine Kinder hier ohne Furcht aufwachsen könnten."

Fällt es dir schon leichter, die Inhalte zu analysieren? Was bedeutet „kürzlich"? Warum schreibt Frau Merkel „ohne Furcht"? Hätte hier eventuell statt Furcht auch „in Frieden" stehen können? Welche Wirkung hat diese Aussage?

Die Gesprächssteuerung

Wie bereits erläutert, ist es das Ziel, deinen Gesprächspartner abzuholen und das Gespräch Stück für Stück in Richtung deines Ziels zu lenken. Wir beginnen mit dem Paraphrasieren. In der Kommunikationstheorie wird unter dem Paraphrasieren die sachliche Wiederholung einer empfangenen Botschaft mit den eigenen Worten verstanden. Das Paraphrasieren ist eine Grundmethode der Kommunikation. Es wird im Folgenden ***Bestätigungsäußerung*** genannt.

Hierzu ein Beispiel:

A: Sagen Sie mal, wie oft soll ich denn noch bei Ihnen anrufen? Ich melde mich jetzt schon zum vierten Mal wegen dieser Kostenübernahme und keiner kann mir eine vernünftige Auskunft geben. Jedes Mal höre ich von einem Ihrer Angestellten, dass ich dieses nachsehen soll und jenes nachschicken möge. Und immer, wenn ich mich dann noch mal melde, fehlt wieder etwas, damit die Kostenübernahme für die Reparatur läuft. Ich brauche die Freigabe heute noch!

B: Gut, soweit ich das jetzt richtig verstanden habe, geht es Ihnen um die umgehende Freigabe der Kostenübernahme zu Ihrem Schaden. Ist das richtig?

Die Vorteile liegen im Gewinnen von Zeit (du kannst dir weitere Argumente zurechtlegen), in der geistigen Beschäftigung deines Gesprächspartners (während er dem zuhört, was er selber gesagt hat, kann er nicht auf andere Gedanken kommen), im Vertrauensaufbau (du schaffst eine Glaubwürdigkeit, da du dich mit der Kernaussage beschäftigst) und in der Genauigkeit, da gerade bei komplizierten Sachverhalten Missverständnisse vermieden werden.

Nach der Bestätigungsäußerung folgt die ***Führungsäußerung***. Die Führungsäußerung hat die Funktion, dass du deine Meinung in das Gespräch einbringen kannst. Durch die Führungsäußerung kannst du das Gespräch in die Richtung steuern, die dich an dein Gesprächsziel bringt. Du wirst feststellen, dass diese Art von Gespräch absolut reibungsfrei verläuft. Welche Wirkung die Führungsäußerung hat, möchte ich dir in dem folgenden Beispiel erläutern:

Bitte denke jetzt nicht an einen blauen Elefanten. Und denke nicht an deinen letzten Ausflug in den Zoo, bei dem du zuletzt einen Elefanten gesehen hast. Woran hast du gerade gedacht? Vielleicht doch an einen Elefanten? Aber warum ist das so? Um nicht an den Elefanten zu denken, muss man erst an den Elefanten denken, um dann den Gedanken auf etwas anderes lenken zu können. Aber aus der Kommunikationstheorie können wir lernen, dass wir erstmal an einen Elefanten denken müssen.

Ein weiteres Beispiel: Wer schon einmal an einem Fahrsicherheitstraining teilgenommen hat, kennt sicherlich die folgende Situation. Der Fahrlehrer sagt: „Wenn du zu schnell auf eine Unfallstelle zufährst und nicht mehr bremsen kannst, musst du ausweichen. Bitte beachte aber, dass du nicht gegen einen Baum fährst, denn hier ist die Überlebenschance sehr gering.“ Was wirst du tun, wenn du jetzt in eine solche Situation kommst? Du wirst höchstwahrscheinlich erst einmal den Baum suchen und versuchen, diesem auszuweichen. Deine Aufmerksamkeit wird also als Erstes auf den Baum gelenkt werden. An dieser Stelle möchte ich aber einigen Fahrlehrern widersprechen. Sinnvoller wäre die Aussage: „Suche die Lücke, die dir die Möglichkeit verschafft, an dem Unfallort gefahrenfrei vorbeizufahren.“ Somit suchst du die Lücke, weil du deine Aufmerksamkeit auf die Lücke lenkst.

Nachdem du nun die Grundkommunikationsform kennengelernt hast, möchte ich dir die wichtigsten Techniken des ***Übergehens von Bestätigungsäußerung zu Führungsäußerung*** erläutern. Im Folgenden werden wir uns insbesondere auf einen Übergang mit einem Signalwort konzentrieren. Hierbei stehen dir folgende Möglichkeiten zur Auswahl:

- und
- während
- weil
- je … desto …
- gemilderte Äußerung
- indirekte Handlungsaufforderung
- Tilgung
- Metapher, Zitat und Binsenweisheit
- eingebettete Fragen
- Bewusstseinswort
- Alternative W-Fragen

Signalwort „und“

Mit dem Übergangswort „und“ leitest du den Übergang von der Bestätigungsäußerung zur Führungsäußerung ein.

Hierzu ein Beispiel:

Ein Immobilienmakler führt potenzielle Kunden durch ein Objekt, das verkauft werden soll.

Makler: „Nachdem wir nun das Wohnzimmer, Küche, Schlafzimmer gesehen haben, möchte ich Ihnen noch das Bad zeigen und dann die Besichtigung beenden.“

Mit der Aussage, dass „wir nun das Wohnzimmer, Küche, Schlafzimmer gesehen haben“, wird die erlebte Situation wiederholt. Diese Wiederholung stellt die Bestätigungsäußerung dar. Dieser Aussage muss zugestimmt werden, weil sie der Wahrheit entspricht. Mit der Aussage, „ich möchte Ihnen noch das Bad zeigen und dann die Besichtigung beenden“, wird die Führungsäußerung eingeleitet. Die Kunden werden auf die Beendigung der Besichtigung vorbereitet. Im weiteren Verlauf des Gespräches kann der Makler den Kunden nun alle relevanten Fragen stellen, die er für nötig hält. Die Kunden wurden eventuell von der Besichtigung des Kellers abgelenkt, weil der Makler auf das Ende hingewiesen hat. Das kann eventuell von Vorteil sein, wenn der Makler einen Zeitplan für den Kunden und sich gesteckt hat.

Übung

Führe ein Gespräch und überlege dir dafür mindestens zwei Alternativen für den Einbau des Signalwortes „und“. Schreibe die relevanten Sätze auf.

____

____

____

____

____

____

Signalwort „während"

Das Wort „während" kann ebenfalls als Übergangswort von der Bestätigungsäußerung zur Führungsäußerung verwendet werden.

Hierzu ein Beispiel:

Eine Führungskraft präsentiert ein neues Produkt, das die Angestellten verkaufen sollen.

Führungskraft: „Ich präsentiere Ihnen nun die Vorteile, die Sie im Prospekt gesehen haben, und werde weitere Vorteile des Produktes für den Kunden erläutern, während Sie sich bitte Notizen machen."

In diesem Beispiel wird die Führungsäußerung mit dem Wort „während" eingeleitet. Die Angestellten werden darauf hingewiesen, dass sie sich Notizen machen sollen. Diese Technik sollte nicht dafür angewendet werden, den Gesprächspartner von eventuellen Produktnachteilen abzulenken.

Übung

Führe ein Gespräch und überlege dir dafür mindestens zwei Alternativen für den Einbau des Signalwortes „während". Schreibe die relevanten Sätze auf.

Signalwort „weil“

Kommunikation wäre so einfach, wenn sie immer so funktionieren würde wie im Beispiel zum Signalwort „während“. Doch manchmal kommt es auch anders. Stell dir vor, einer der Angestellten hätte eine Frage zu den Nachteilen des Produktes gestellt. Nun könnte die Führungskraft mit dem Wort „weil“ reagieren.

Führungskraft: „Dankeschön für die Frage. Durch die beschriebenen Vorteile des Produktes haben wir einen riesigen Vorteil gegenüber der Konkurrenz. Weil die Vorteile so groß sind, können wir zu einem anderen Zeitpunkt die Nachteile kurz erläutern.“

Durch das Wort „weil“ hat die Führungskraft noch einmal auf die Wichtigkeit der Vorteile hingewiesen und die Nachteile auf einen anderen Zeitpunkt verlegt. Ob überhaupt und wann dieser Zeitpunkt kommt, kann die Führungskraft steuern. Ich empfehle, dass du zu einem späteren Zeitpunkt auf jeden Fall Stellung beziehst. Somit kannst du ein tiefes Vertrauen zu den Menschen aufbauen. Aus meiner Erfahrung habe ich bereits festgestellt, dass manche Menschen bewusst die Frage auf einen späteren Zeitpunkt verlegen. Stell dir vielleicht die Situation vor, dass die Führungskraft ihre Sitzung um eine Stunde überzogen hat. Und das auch noch am Freitagnachmittag um 16 Uhr. Würde er nun die Frage stellen: „Wer möchte jetzt noch über die Nachteile sprechen? Oder reichen Ihnen die Vorteile für heute?“ – Was denkst du, wie die Angestellten auf diese Frage reagieren würden? Deswegen bleib fair und nimm die Frage respektvoll an.

Übung

Führe ein Gespräch und überlege dir dafür mindestens zwei Alternativen für den Einbau des Signalwortes „weil“. Schreibe die relevanten Sätze auf.

____

____

____

Signalwort „je … desto …"

Mit dem Signalwort „je … desto …" kannst du Widerstände aufnehmen und zu Vorteilen umwenden.

Hierzu ein Beispiel:

Ein Vorstand erläutert in einer Sitzung eine große Strukturveränderung der Gesellschaft.

Vorstand: „Ich habe für die Sorgen, die sie haben, großes Verständnis. Ich kann Ihnen an dieser Stelle sagen: Je größer jetzt gerade Ihre Sorgen sind, desto erleichterter werden Sie sein, wenn ich Ihnen die Vorteile der Strukturveränderung erläutert habe."

In diesem Beispiel stellst du fest, dass die Sorgen der Angestellten von dem Vorstand aufgenommen wurden. Sie wurden sogar gleich zum Vorteil umgewandelt. Der Vorstand lenkt die Aufmerksamkeit erfolgreich auf die Vorteile. Und das soll schließlich den Menschen helfen, eine positive Stimmung zu gestalten.

Übung

Führe ein Gespräch und überlege dir dafür mindestens zwei Alternativen für den Einbau des Signalwortes „je … desto …". Schreibe die relevanten Sätze auf.

Signalwort „gemilderte Äußerung"

Das Ziel der „gemilderten Äußerungen" ist es, keine Vorgaben zu machen, aber dennoch gezielt auf die gewünschte Handlung hinzuweisen. Hierfür verwendest du die Wörter können, mögen, dürfen, werden, wahrscheinlich, vielleicht, irgendwie, irgendwo, irgendwann und irgendwer.

Hierzu ein Beispiel:

Der Vorstand spricht weiter über die Strukturveränderungen.

Vorstand: „Sie können mir jetzt oder auch zu einem späteren Zeitpunkt gedanklich folgen."

Die Formulierung „Sie können mir […] gedanklich folgen" klingt besser als „Sie müssen mir gedanklich folgen." Die Aufmerksamkeit wird jedoch darauf gelenkt, dass die Angestellten dem Vorstand gedanklich folgen sollen oder dürfen.

Übung

Führe ein Gespräch und überlege dir dafür mindestens zwei Alternativen für den Einbau einer gemilderten Äußerung. Schreibe die relevanten Sätze auf.

Signalwort „indirekte Handlungsaufforderung"

Der Vorteil der indirekten Handlungsaufforderungen liegt darin, deinen Gesprächspartner zu einer Handlung oder Reaktion aufzufordern, ohne einen direkten Befehl auszusprechen.

Hierzu ein Beispiel:

Eine Frau spricht einen Mann an.

Frau: „Können Sie mir bitte sagen, wie spät es ist?"

Obwohl die Frage sehr einfach ist, hat diese Art von Frage eine starke Wirkung. Wie bei den gemilderten Äußerungen kannst du von jemanden eine Handlung einfordern. Mit den Signalwörtern, die du bereits aus den gemilderten Äußerungen kennst, kannst du deinen Gesprächspartnern die Wahlmöglichkeit geben. In den europäischen Ländern wird dir diese Wahlmöglichkeit selten gegeben und die Frage wird beantwortet. Der Hintergrund liegt in der Höflichkeit und darin, dass viele Menschen nur schwer „nein" sagen können.

Übung

Führe ein Gespräch und überlege dir dafür mindestens zwei Alternativen für den Einbau einer indirekten Handlungsaufforderung. Schreibe die relevanten Sätze auf.

Signalwort „Tilgung"

Bei einer Tilgung legst du an unerwarteten Stellen im Satz eine Pause ein oder lässt sogar Teile eines Satzes weg, um den Gesprächspartner dazu zu bringen, die Sätze selbst zu Ende zu denken. Der Nutzen dieser Technik liegt darin, dass dein Gesprächspartner immer wieder aktiv in das Gespräch einbezogen wird. Dadurch vertiefst du die Gesprächsintensität.

Hierzu ein Beispiel:

Eine Frau steht mit ihrem Ehemann in der Küche.

Frau: „Ach, mein Schatz, eigentlich können wird heute zum Essen [PAUSE]"

Mann: „Gehen?"

Frau: „Ja, das wäre eine gute Idee."

Dadurch, dass der Mann den Satz vollendet hat, ist er bei dem Gespräch dabei. Der zweite Satz der Frau bekommt dadurch eine ganz andere Wertigkeit. Es wird der Anschein erweckt, als wäre der Mann auf die Idee gekommen, essen zu gehen.

Übung

Führe ein Gespräch und überlege dir dafür mindestens zwei Alternativen für den Einbau einer Tilgung. Schreibe die relevanten Sätze auf.

Signalwort „Metapher, Zitat und Binsenweisheit"

Eine Metapher, ein Zitat oder eine Binsenweisheit bewirken, dass beim Gesprächspartner Gefühle geweckt werden. Im Idealfall versetzt sich der Gesprächspartner in die Erzählung hinein. Mit Metaphern und Binsenweisheiten kannst du es zudem vermeiden, den Gesprächspartner direkt anzusprechen. Der Gesprächspartner kann sich selbst in die Erzählung oder Geschichte der Metaphern hineinversetzen, wenn er das möchte. Der Vorteil: Der Gesprächspartner kann dir nicht vorwerfen, dass du ihm eine Handlungsaufforderung aussprichst.

Hierzu ein Beispiel:

„Man weiß selten, was Glück ist, aber man weiß meistens, was Glück war."

Bei diesem Beispiel könnte der Gesprächspartner dazu angeregt werden, sich bewusst zu machen, dass man sich im Hier und Jetzt glücklich fühlen sollte. Aber du hast den Gesprächspartner zu keinem Zeitpunkt aufgefordert, sich Gedanken zu machen. Diesen Effekt kann man im Übrigen häufig auch bei Liebesliedern erkennen. Songtexte lassen viele Menschen in tiefe Leidenschaft verfallen. Benutze darüber hinaus „man", „jeder", „es gibt Leute, die …", „wir", sowie „ich" anstatt „du".

Hierzu einige Beispiele:

- „Viele Leute sind überrascht, wenn sie zum ersten Mal davon lesen oder hören."
- „Man sollte sich nicht für Probleme interessieren, sondern für Lösungen."
- „Es gibt Menschen, die sich sehr schnell entschließen."
- „Menschen haben oft keine Ahnung, wie viele Fähigkeiten sie haben."

Übung

Baue Metaphern, Zitate und Binsenweisheiten in deine Gespräche ein. Du solltest mindestens drei unterschiedliche Gesprächspartner mit dieser Kommunikationsart ansprechen. Tipp: Bereite einige Metaphern vor, die du dann im richtigen Moment verwendest. Notiere dir die Reaktionen.

Signalwort „eingebettete Frage“

Mithilfe einer eingebetteten Frage kannst du deinem Gesprächspartner eine Frage stellen, die er innerlich beantworten kann oder will. Diese Technik vertieft das Gespräch in die von dir gewünschte Richtung.

Hierzu ein Beispiel:

Eine Führungskraft führt eine Unterhaltung mit einem Mitarbeiter.

Führungskraft: „Ich bin gespannt, wann Sie bemerken, welchen Vorteil diese Kommunikationsart für Sie hat.“

Ich frage mich, ob du jetzt bereits weißt, welche Vorteile diese neue Aufgabe für dich bringt.

An dieser Stelle möchte ich noch einmal auf die Grundtechnik der Kommunikationsart dieses Buches hinweisen. Der Satzteil „welche Vorteile diese neue Aufgabe für dich bringt“ ist die Führungsäußerung und lenkt die Aufmerksamkeit auf die Vorteile der neuen Aufgabe. Und wer an die Vorteile denkt, wird von den Nachteilen abgelenkt.

Übung

Führe ein Gespräch und überlege dir dafür mindestens zwei Alternativen für den Einbau einer eingebetteten Frage. Schreibe die relevanten Sätze auf.

Signalwort „Vorannahmen"

Der Vorteil der Vorannahmen ist, dass du bewusst eine bestimmte, dir hilfreiche Situation schaffst. Dein Gesprächspartner hat nur noch die Möglichkeit, über die Qualität zu bestimmen.

Hierzu ein Beispiel:

Eine Frau geht in ein Autohaus und möchte ein Auto kaufen.

Frau: „Wie viel Prozent Rabatt geben Sie mir, wenn ich das Fahrzeug heute kaufe?"

Hier wird direkt die Aufforderung ausgesprochen, dass die Frau einen Rabatt erwartet. In der Kommunikationstheorie würde man sagen: „Man wirft den Ball der Entscheidung dem Verkäufer zu." Oder auch: „Wer fragt, der führt das Gespräch." Somit ist diese Technik von sehr starker Wirkung.

Signalwort „Bewusstseinswort"

Um deinem Gesprächspartner mehr Bewusstsein für das Gespräch zu verschaffen, kannst du ein Bewusstseinswort verwenden. Das Bewusstseinswort fordert den Gesprächspartner auf, sich über eine Situation Gedanken zu machen. Bewusstseinswörter können sein: gewusst, bemerkt, gefühlt oder auch verstanden. Dies ist keine abschließende Aufzählung dieser Wörter. Wenn zum Beispiel dein Gesprächspartner das Wort „gewusst" hört, muss er überlegen, ob er die Frage schon gewusst hat. Anschließend muss sich dein Gesprächspartner aktiv Gedanken machen, ob er die Antwort auf diese Frage wirklich weiß. Damit soll das Bewusstseinswort einen Denkprozess beim Gesprächspartner auslösen.

Hierzu ein Beispiel:

Ein Mann unterhält sich mit einer Frau.

Mann: „Hast du gewusst, dass du in deinem Leben schon sehr oft manipuliert wurdest?"

In diesem Fall muss sich die Frau Gedanken machen, ob sie es bemerkt hat, manipuliert worden zu sein, und wenn sie es weiß, wird sie sich überlegen, ob die Manipulation erfolgreich verlief.

Hast du schon bemerkt, dass sich deine Einstellung zu gewissen Dingen verändert hat?

Signalwort „oder"

Mit dem Wort „oder" kannst du mehrere Handlungsalternativen zur Auswahl anbieten.

Hierzu ein Beispiel:

Ein Verkaufstrainer möchte seinen Kurs verkaufen.

Trainer: „Möchten Sie den Kurs 2 oder Kurs 3 buchen? Oder möchten gleich alle zehn Kurse buchen?"

Der Nutzen dieser Kommunikationsart liegt auf der Hand. Der Gesprächspartner wird höchstwahrscheinlich einen Kurs kaufen, aber der Kunde hat die Möglichkeit, zwischen den Alternativen zu entscheiden.

Signalwort „Alternative W-Fragen"

Mithilfe der sogenannten W-Fragen (Wer? Wie? Wo? Was? Wann? Warum?) kannst du deinem Gesprächspartner wertvolle Informationen entlocken.

- „Wie möchtest du bezahlen?"
- „Wann besuchst du welchen Kurs?"

Diese Art der Kommunikation wird dir am Anfang des Gespräches dabei helfen, zum einen die Richtung deines Gespräches zu steuern und zum anderen Informationen deiner Gesprächspartner zu erhalten.

Du wirst sicherlich bemerkt haben, wie einfach Kommunikation manchmal ist. Vielleicht denkst du beim Durchlesen dieses Buches, dass das Beschriebene doch klar, logisch und total einfach ist.

Ja, es ist einfach, und ja, das hast du sicherlich schon einmal in dieser oder einer ähnlichen Art und Weise gelesen oder gehört. Und genau deshalb weise ich dich nochmal darauf hin.

Nimm die Kraft der Wortwahl in deine Hand!

Denn manchmal ist das Wort und seine Wirkung extrem wichtig für den Ausgang des Gespräches.

Hierzu noch ein letztes, gutes Beispiel für eine Kommunikation zwischen einem Mann und einem Pfarrer:

Mann: „Herr Pfarrer, darf ich eine Zigarette rauchen, während ich bete?“ Pfarrer: „Natürlich nicht, mein Sohn.“ Am nächsten Tag kommt der Mann wieder zum Pfarrer: „Herr Pfarrer, darf ich beten, während ich rauche?“

Die Macht liegt manchmal in der Art der Frage …

Konzentrationsübung 5

Diese Woche wirst du eine schöne Übung machen. Gehe wie gewohnt zu deinem Entspannungsplatz. Entspanne dich, wie du es in der Zwischenzeit schon kannst. Beruhige Geist und Körper. Wenn du wieder entspannt bist, wirst du diese Wochen an deinen Lieblingsort denken. Mach dir im Geiste ein absolut klares Bild von dem Ort. Was siehst du? Kannst du etwas riechen? Kannst du was hören? Kannst du etwas fühlen? Gib dir die Chance, alle Erinnerungen voll zu entfalten. Wenn du das Gefühl hast, komplett an deinem Traumort zu sein, verweile dort gedanklich für mindestens 30 Minuten. Lass dich von keinen anderen Gedanken stören. Bleibe bei deinem Traumort.

Zusammenfassung

Im Kapitel 5 hast du dich mit dem Kernstück der Gesprächsführung beschäftigt. Du hast gelernt, das Gespräch auf eine noch vertrauensvollere Basis zu stellen. Das ist dir gelungen, indem du dir eine diplomatische Redeweise angeeignet hast. Dies hat für dich den Vorteil, dass du keine Widerstände bei deinem Gesprächspartner aufkommen lässt. Des Weiteren kannst du das Gespräch in deine gewünschte Zielrichtung steuern. Dies gelingt dir, indem du immer wieder den Gesprächspartner in seiner Meinung bestätigst und dein Gesprächsziel so einbringst, dass der Gesprächspartner dir gerne folgt. Hierzu hast du die Bestätigungs- und die Führungsäußerungen als rhetorisches Werkzeug erhalten.

Aufgaben zur Lernkontrolle

1. Welchen Vorteil hat die Gesprächssteuerung?
2. Wie soll ein Satz gemäß diesem Kapitel aufgebaut sein? Kreuze die richtige Antwort an.
   a. Erst die Wörter des Gesprächspartners analysieren und anschließend paraphrasieren.
   b. Erst ein Signalwort setzen und anschließend debattieren.
   c. Erst paraphrasieren und anschließend das Gespräch in deine Richtung steuern.
3. Was versteht man unter Paraphrasieren?
4. Warum sollte man das Gespräch mit einer Betätigungsäußerung beginnen?
5. Durch die Bestätigungsäußerung kann man erreichen, …
   a. dass der Gesprächseinstieg reibungslos verläuft.
   b. dass das Vertrauensverhältnis vergrößert wird.
   c. dass der Gesprächspartner sich verstanden fühlt.
6. Welchen Vorteil hat eine Führungsäußerung?
7. Nenne drei Methoden, wie du von Bestätigungsäußerungen zu Führungsäußerungen überleiten kannst.
8. Nenne den Vorteil des Signalworts „je … desto …“
9. Formuliere zwei Sätze mit der „Je-desto“-Methode.
10. Welchen Nutzen haben Metapher, Zitat und Binsenweisheit?

Notizen

Kapitel 6: Die Zielplanung

In diesem Kapitel beschäftigst du dich mit der Zielfindung. Im ersten Kapitel hast du schon erfahren, warum es so wichtig ist, ein Ziel zu haben. Nun werden wir uns neben dem Gesprächsziel auch mit Geschäfts- und Lebenszielen beschäftigen. Grundsätzlich kannst du drei Arten von Zielen unterscheiden:

- Langfristige Ziele – Zeitraum von 3 bis max. 5 Jahren
- Mittelfristige Ziele – Zeitraum 1 Jahr bis max. 1,5 Jahre
- Kurzfristige Ziele – Zeitraum bis zu einem halben Jahr und kleinere Zeiteinheiten

Ich unterhalte mich sehr oft mit Menschen, die von sich behaupten, sie seien zielorientiert. Im Verlauf des Gespräches stellen wir jedoch häufig fest, dass die Menschen Ziele mit Wünschen verwechseln. Der Wunsch ist jedoch eine Ausgangssituation. Ein Zustand, der im wahrsten Sinne des Wortes wünschenswert ist. Ein Ziel ist dies ebenfalls, mit dem feinen Unterschied, dass eine aktive Handlung benötigt wird. Was ist dein Lebensziel? Und was tust du, um dein Ziel zu erreichen? Was hält dich davon ab, dein Ziel zu erreichen?

In diesem Kapitel werde ich dir eine Anleitung geben, wie du neben deinen Träumen und Wünschen auch deine Ziele präzise formulieren kannst. Dieser Vorgang ist elementar wichtig, um die Ziele im späteren Verlauf auch zu erreichen.

Am Anfang steht der Wunsch

Deinen Wünschen musst du dir bewusst werden. Erst dann kannst du deine Ziele formulieren. In 7 Schritten wirst du dein Ziel finden und überprüfen, ob das ausgewählte auch wirklich dein Ziel ist:

1. Stell dir möglichst genau die Situation vor, wenn du dein Ziel bereits erreicht hast. Notiere alles, was dir einfällt. Achte darauf, dass du ausschließlich posi-

tive Dinge notierst. Dein Ziel soll dich motivieren. Du sollst all deine Kraft aufbringen, um dein Ziel zu erreichen. Denke darüber nach, welchen zusätzlichen Gewinn das Erreichen deines Ziels darstellt. Was wird besser sein? Warum wird es besser sein?

2. Gehe einen Schritt weiter. Visualisiere jetzt dein Ziel, das du dir in Punkt 1 ausgesucht hast. Stell dich dir dort in dieser Situation vor. Wie sieht es dort aus? Was machst du gerade? Gibt es einen Geruch, den du wahrnimmst? Spürst du in der Situation etwas? Vertiefe deine Sinneswahrnehmung! Versuche, dein Zielbild so zu gestalten, als ob du es gerade wirklich erlebst. Wenn du ein Gefühl entwickelst, als hättest du dein Ziel wirklich schon erreicht, bist du auf dem richtigen Weg. Deine Außenwelt sollte es sehen, weil du gerade grinst wie ein Honigkuchenpferd.
3. Wähle nun den Ort, an dem du dein Ziel siehst. Sind dort andere Menschen? Wenn ja, welche? Schließe nun die Vertiefung ab und beantworte die letzte Frage: Wann erreichst du dein Ziel? Gib dir eine Zeit vor!
4. Ziele erreichst du am leichtesten, wenn du die Verantwortung dafür übernimmst. Kannst du aktuell dein Ziel selbst erreichen? Wenn nicht, was fehlt dir dazu? Was benötigst du noch?
5. Wichtig ist auch, die Nachteile deines Ziels zu untersuchen. Das ist wichtig, da mit der Erreichung deines Ziels andere Dinge weichen werden. Hierzu ein Beispiel: Einer meiner Gesprächspartner wollte unbedingt ein Traumhaus haben. Dieses Traumhaus war sein Ziel mit der höchsten Priorität. In der Vergangenheit hatte er jedoch nur wenig Eigenkapital aufgebaut. Als ich mit ihm das Ziel erarbeitete, gelangte er an den Punkt, sich zu fragen, welche Nachteile solch ein Haus für ihn hätte. Er hatte schnell verstanden, dass er sehr stark auf seine Ausgaben achten müsste und dass kein Platz mehr für teure Urlaubsreisen und Autos wäre. So erarbeiteten wir einen gemeinsamen Nenner, welcher zum einen die Größe des Hauses und zum anderen die Anzahl der Urlaube betraf. Heute besitzt er sein Traumhaus und musste nur auf ein paar kleine Dinge verzichten.

6. Gib deinem Ziel noch mehr Kraft und Energie. Beantworte dir folgende Fragen: Was ist dir wichtig an dem Ziel? Warum macht dich das Erreichen des Ziels glücklicher? Inwiefern bringt dich das Ziel in deinen Leben weiter?
7. Abschließend solltest du dir die Frage stellen, woran du erkennst, dass du auf dem richtigen Weg bist. Wie erkennst du, dass du dein Ziel erreicht hast? Was ist deine messbare Größe?

Visualisierung

Das Visualisieren ist der Vorgang, bei dem du detaillierte Bilder vor deinem geistigen Auge produzierst. Bilder sind deshalb so wichtig, weil sie, im Gegensatz zu gesprochenen Wörtern, widerspruchslos sind. Diese Bilder sollen dir als Bauplan für deine Ziele dienen. Erstelle dir ein klares Bild von dem, was du haben oder erreichen möchtest. Male dir ein positives, schönes Bild von deinem Ziel aus und achte auf deine Gedanken bei der Produktion der Bilder. Diese sollten dir keine Einschränkungen vorgeben. Lass dir auch von anderen keine Grenzen setzen. Der Einzige, der dir Grenzen setzt, bist du selber. Schnell wirst du feststellen, dass diese Bilder zur Erreichung deines Ziels wichtig sind. Erst muss das Bild vorhanden sein, bevor es real wird.

Dieser Bauplan sollte sehr genau und deinen Idealen angemessen sein. Ein gutes Beispiel gibt der Architekt des Eiffelturms ab. Gustave Eiffel plante sehr viele Einzelheiten im Voraus. Er musste die Örtlichkeit und sämtliche Rahmenbedingungen kennen. Auch die Umsetzung musste er detailliert planen. Herr Eiffel sah den Eiffelturm bereits vor seinem geistigen Auge, bevor auch nur der erste Spatenstich gesetzt wurde.

Dadurch werden deine Entscheidungen, deine Etappenschritte klar und unmissverständlich auf deine Gesprächspartner übergehen. Wenn du aktuell noch kein Bild von einem Ziel hast, nimm dir bitte die Zeit. Vermeide es, dich zu sehr anzustrengen. Manchmal kommt ein Idealbild auch erst zu einem späteren Zeitpunkt. Vielleicht sogar im Schlaf. Einige meiner Gesprächspartner berichten mir auch, dass ihr Idealbild anfangs nur sehr unscharf ist. Nach und nach werden immer mehr Details hinzukommen.

Tust du dir damit schwer, etwas zu visualisieren, empfehle ich dir, eine sogenannte Visualisierungstafel anzufertigen. Auf diese Tafel solltest du Bilder von deinen Wünschen und Zielen kleben. Schneide dir Bilder aus Zeitschriften aus und klebe sie auf deine Tafel. Schau dir diese Bilder immer wieder an. Bringe die Tafel an einen Ort an, an dem du sehr oft bist und dich dauerhaft an deine Ziele erinnern kannst. Wenn du die Möglichkeit hast, hänge deine Tafel in deinem Büro auf oder lege sie unter deine Arbeitsunterlage. Jede wiederholte Visualisierung zeichnet dein Bild klarer und genauer.

Wenn dein Bild in aller Deutlichkeit fertiggestellt ist, kommt das Kernstück der Visualisierung: Du lässt dein Idealbild zur Realität werden. Der Gedanke wird zur Handlung führen, die Handlung wird Maßnahmen entwickeln und die Maßnahmen werden in dir Freude hervorbringen. Diese Freude wird die nötige Energie für deine Aktionen freisetzen. Schlussendlich wird dein Idealbild in die Realität umgesetzt und damit vollbracht worden sein. Habe Verständnis für deinen eigenen Bauplan und sei stark in deinen Gedanken. Baue deine Bilder stets auf friedvollen Gedanken auf. Missachtest du diesen Rat, könnte dir das später zum Verhängnis werden, da negative Gedanken auch negative Energien freisetzen.

Deine Kraft zu denken ist unendlich. Warum suchen die Menschen ihre Macht und Stärke im Materiellen? Die materielle Außenwelt kann dir nur das geben, was du bereit in dir trägst. Die Stärke und Macht jedoch liegt in dir, in deiner inneren Welt. Somit liegt die Ursache des Erfolges ebenfalls in dir. Dein Erfolg wird „nur" als Wirkung in der Außenwelt stattfinden.

Stell dir einen Menschen vor, der dauerhaft negativ über das Leben denkt. Leider gibt es in unserer Welt viel zu viele von dieser Sorte Mensch. Seine Aufmerksamkeit wird darauf gerichtet sein, dass er das Negative erkennt, und versucht, dieses zu umgehen. Er wird immer mehr Negatives erleben, da er nur noch auf das Negative konzentriert ist. Er zieht das Schlechte an. Stell dir dagegen einen Menschen vor, der stets positiv denkt und fühlt. Sein Augenmerk wird auf dem Positiven liegen und er wird dieses in allem letztlich auch finden. Er wird das Gute anziehen. Deswegen ist das oberste Gebot bei einer Visualisierung, dich auf die richtigen und vor allem die positiven Aspekte zu konzentrieren.

In meiner Vergangenheit habe ich einige Menschen kennengelernt, die damit ein großes Problem hatten. Sie waren zu sehr besorgt, hatten Angst und Sorge. Sie haben weder an sich geglaubt, noch auf ihre Ziele vertraut. Diese Menschen ähneln Kindern, die immer wieder den Grind der Wunde aufkratzen, um zu schauen, ob die Wunde schon verheilt ist. So wird der Heilungsprozess deutlich verlängert, oder er wird nie gänzlich abgeschlossen. Hierbei handelt es sich jedoch um Denk- und Verhaltensmuster, die teilweise jahrzehntelang bestanden haben. Diese kannst du nur sehr schwer von heute auf morgen ändern. Dauerhaft positives Denken ist notwendig, um den Erfolg zu ernten.

Ich habe in der Vergangenheit einige Menschen bei diesem Vorgehen begleitet. Dabei ist mir immer wieder das gleiche Muster aufgefallen. Am Anfang steht die Neugier, der WOW-Effekt. Danach folgt oft die Phase der Ernüchterung. „Oh, das klappt bei mir nicht!". Entweder suchen sich die Menschen einen neuen WOW-Effekt oder sie zeigen Durchhaltevermögen. Die meisten Menschen gehen den in ihren Augen einfachen Weg und suchen eine neue, vielleicht leichtere Herausforderung. Du solltest jedoch durchhalten und versuchen, so positiv wie möglich an die Sache heranzugehen. Nur dann öffnen sich dir Türen, wo du vorher nur Wände gesehen hast.

Mach dich bereit, diese Türen zu erkennen. Mache dich bereit, die Chancen zu sehen. Es ist einfach, diese Türen zu erkennen. Sei stets aufmerksam. Beobachte scharf und höre auf dein Bauchgefühl.

Zum Ende dieses Kapitels habe ich noch eine Anmerkung zur Veränderungsbereitschaft. Mir ist durch Beobachtung der Menschen klargeworden, warum sie die Veränderung oft meiden: weil sich die Menschen von dem, was sie können, worin sie erfolgreich sind, was ihnen vertraut ist, ungern trennen wollen. Des Weiteren beobachten wir immer wieder, dass das Auftreten von Widerständen etwas ganz Natürliches ist. Du solltest dir Gedanken machen, wenn du keine Widerstände wahrnehmen kannst. Nimm die Widerstände an und befrage dein Gefühl zu ihnen. Woher kommen sie? Und wenn du Widerstände lokalisiert hast, dann würdige sie. Sie sind deine Schutzmauer vor dem Ungewissen.

Argumente für die schriftliche Zielsetzung

Es gibt einige gute Gründe, deine Ziele schriftlich festzuhalten. Alles, was du schriftlich festhältst, kannst du jederzeit hervorholen und dich daran erinnern. Dies fördert ungemein deine Eigenmotivation. Durch das stetige Erinnern rufst du deine Motivation erneut ab. Hast du dein Ziel zu Papier gebracht, wird es dir darüber hinaus deutlich einfacher fallen, deine Prioritäten richtig zu setzen, sodass du dich auf das konzentrierst, was wichtig ist, um dein Ziel zu erreichen. Damit stellt dein schriftliches Ziel dein Steuerungs- und Planungsinstrument dar und fördert in hohem Maße deine Eigendisziplin.

Kannst du dein Ziel nachlesen oder anschauen, erhöht dies automatisch die Verbindlichkeit und sorgt für Übersicht und Klarheit. Hast du deine (Teil-)Ziele richtig ausformuliert, hast du zu jedem Zeitpunkt die Möglichkeit, dich zu kontrollieren. Du machst deine Tätigkeit und dein Ziel messbar. Dieses Vorgehen sorgt jedoch bei vielen Menschen für Unbehagen. Das liegt insbesondere darin begründet, dass es schnell sichtbar wird, wenn man vom Weg zu seinem Ziel abgekommen ist und sein Tun neu überdenken, gegebenenfalls korrigieren oder sogar neu ausrichten muss.

Möchtest du deine Teilziele schriftlich fixieren, kann dir dabei die SMART-Formel helfen.

S = Spezifisch	–	Du formulierst deine Ziele detailliert
M = Messbar	–	Du definierst Kriterien, die du exakt messen kannst
A = Akzeptiert	–	Du akzeptierst deine Ziele und ihre Etappenschritte
R = Realistisch	–	Du wählst anspruchsvolle, aber erreichbare Ziele
T = Terminiert	–	Treu deinen persönlichen Idealen, setzt du dir einen zeitlichen Rahmen

Übe dich darin, deine Ziele nach dieser Formel zu formulieren, und achte stets darauf, dass alle fünf Aspekte enthalten sind.

Konzentrationsübung 6

In dieser Woche soll deine Aufmerksamkeit auf ein Höchstmaß gebracht werden. Setzte dich wie immer auf deinen Platz und entspanne Geist und Körper. Wenn du entspannt bist, schließt du deine Augen. Beginne, in deinem inneren Auge die Umgebung zu sehen, die du sehen würdest, wenn du die Augen geöffnet hättest. Wenn du ein absolutes Bild hast, öffnest du die Augen und vergleichst dein inneres Bild mit dem tatsächlichen Bild. Du wirst bemerken, dass du wahrscheinlich nur einige Details sehen konntest. Führe diese Übung jeden Tag durch, bis du gelernt hast, die inneren Bilder deiner Umgebung absolut im Detail zu sehen.

Zusammenfassung

In Kapitel 6 („Die Zielplanung“) hast du gelernt, dass dein Ziel deine Richtung vorgibt. Du weißt genau, wo du hinmöchtest. Ohne Wenn und Aber. Das Ziel gibt dir Kraft, Stärke und Zuversicht. Keine äußeren Faktoren können dich so von der Erreichung deines Ziels abbringen. Deine Wünsche erhalten eine konkrete Silhouette und einen erforderlichen Plan zur Erreichung. Die richtige, notwendige innere Einstellung erhältst du durch die Visualisierung deiner Ziele. Hierbei wird ein starkes, persönliches Gefühl mit ihnen verknüpft. Hilfreich ist auch die schriftliche Zielsetzung. Diese kannst du leicht anhand der SMART-Formel erlernen und wiederholt auf Aktualität und Grad der Erreichung hin überprüfen.

Aufgaben zur Lernkontrolle

1. Inwiefern ist der Wunsch maßgebend für die Definition eines Ziels?
2. Welche drei Arten von Zielen werden unterschieden?
3. Welche positiven Eigenschaften sollte dein Ziel stets haben?
4. Weshalb ist es wichtig, auch die negativen Seiten deines Ziels zu beleuchten?
5. Was versteht man unter der Visualisierung eines Ziels?
6. Wieso ist das Visualisieren eines Ziels so wichtig?
7. Welches Hilfsmittel kannst du verwenden, um dein Ziel zu visualisieren, und wie funktioniert es?
8. Wie gehst du am besten mit Widerständen um?
9. Welche Vorteile hat die schriftliche Zielsetzung?
10. Was bedeutet die SMART-Formel?

Notizen

Kapitel 7: Das Glaubenssystem

In diesem Kapitel steht der Glaube im Mittelpunkt. Wenn wir über das Glauben sprechen, ist es sinnvoll, eine Differenzierung vorzunehmen zwischen „Glauben an …" und „Glauben, dass …".

- „Glauben an …" drückt in unserem Sprachgebrauch oftmals den Glauben an Gott aus, also eine religiöse Überzeugung.
- Mit „Glauben, dass …" bezeichnen wir dagegen in aller Regel Überzeugungen innerweltlicher Art.

Glaubenssätze wirken auf unser Leben, indem sie unsere Sicht der Dinge und damit auch unsere Handlungen (je nach Art des Glaubenssatzes) positiv unterstützen oder auch einschränken. Oftmals sind wir uns unserer Glaubenssätze gar nicht bewusst, da sie uns durch die Erziehung vermittelt wurden oder sie sich durch Erfahrungen gebildet haben. Im Idealfall stimmen unsere Glaubenssätze mit unseren Werten und Zielen überein. Im schlechtesten Fall hindern sie uns an unserer Entwicklung und der Erreichung unsere Ziele. Der Maßstab für die Bedeutung liegt also nicht im Glaubenssatz selbst, sondern in der Konsequenz, den er für den Glaubenden hat. Deine Glaubenssätze bestimmen das, was du wahrnimmst. Also das, was du für wahr hältst. Genau aus diesem Grund ist die Bedeutung deiner Glaubenssätze für die Schaffung der Realität so immens wichtig. Damit steht fest, dass du durch deine Glaubenssätze deine eigene Realität schaffst.

Du hast durch deine Gedanken, durch deine Einstellung zu den Dingen und somit durch dein Handeln die Macht, deine Umwelt zu beeinflussen. Negatives Denken führt unweigerlich zu ängstlichem Handeln, somit zu Misserfolg und am Ende zu einem negativen Feedback. Ein Teufelskreis des negativen Denkens.

Positives Denken führt hingegen zu (selbst-)bewusstem Handeln, dem steten Versuch, etwas zu schaffen, zu einer positiven Erfahrung und letztlich einer positiven Bestätigung.

Arten von Glaubenssätzen

Grundsätzlich unterscheiden wir zwischen individuellen, familiären und kulturellen Glaubenssätzen.

Wir Menschen neigen dazu, alles erklären zu wollen. Doch in einem komplexen System, wie wir es selbst sind, ist das schlichtweg unmöglich. Das wissen wir im Prinzip oder ahnen es zumindest. Trotzdem fühlen wir uns unwohl, wenn wir keine Erklärungen parat haben, und versuchen deshalb, eine Erklärung zu konstruieren. Damit konstruieren wir automatisch auch unser mentales Modell, das sich mehr und mehr festigt und unsere Sicht der Dinge bestimmt.

Ein solcher Glaubenssatz könnte lauten: „Wer viel Geld verdient, wird automatisch arrogant und verliert seine Freunde.“ Es sei bemerkt, dass es sich hierbei gerade um einen negativen Glaubenssatz handelt.

Glaubenssätze in Bezug auf die Identität

Glaubenssätze auf dieser Ebene spiegeln die gefühlte Innenwelt. „Ich habe es nicht verdient, glücklich zu sein.“ „Ich bin nicht gut genug.“ „Ich bin nicht liebenswert.“ – Das sind Glaubenssätze, die du leider häufig hören kannst.

Glaubenssätze auf der Ebene der Identität zu verändern, ist besonders anspruchsvoll. Aber gleichzeitig auch sehr wirksam. Denn hier steht die ganze Person zur Disposition und damit all das, was die Person ausmacht, also etwa, was sie ist, was sie kann, was sie tut, wie und wo sie es tut.

Die Glaubenssätze deines Gesprächspartners kannst du gut an sogenannten Schlüsselwörtern identifizieren. Diese sind z.B. „müssen“, „sollen“ und „können“.

Übung

Führe ein Gespräch und achte dabei besonders auf Glaubenssätze deines Gesprächspartners. Glaubenssätze deines Gesprächspartners kannst du erkennen, indem du besonders auf die Signalwörter achtest. Schreibe alle Glaubenssätze auf, die dir in den Gesprächen begegnen.

____

____

____

____

Wenn du nun die Glaubenssätze deines Gesprächspartners erkannt hast, kannst du sie im nächsten Schritt hinterfragen. Durch das bloße Hinterfragen kann es bei den Gesprächspartnern bereits zur Veränderung ihrer Glaubenssätze kommen. Solltest du bei einem deiner nächsten Gespräche auf Glaubenssätze stoßen, frage deinen Gesprächspartner, warum er glaubt, etwas zu müssen oder zu sollen. Die Antwort wird dich tief in seinen Glaubenssatz blicken lassen. Diesen Blick in seinen Glaubenssatz nennt man auch die Tiefenstruktur der Glaubenssätze. Die wirkungsvollste Veränderung der Glaubenssätze kannst du erreichen, wenn du deinen Gesprächspartner fragst, was passieren würde, wenn er anders auf das „Müssen“ oder „Sollen“ reagieren würde. Diese Art des Hinterfragens löst automatisch ein lösungsorientiertes Denken bei deinem Gegenüber aus. Du wirst überrascht sein, wie substanzlos so mancher Glaubenssatz ist.

Übung

Schreibe dir die Antworten auf dein Hinterfragen auf.

____

____

____

Selbsterfüllende Prophezeiung

Glaubenssätze haben meist die (un-)schöne Eigenschaft, sich selbst zu bestätigen. Wie es Henry Ford, Gründer der Ford Motor Company, in dem bekannten Zitat sagte: „Ob du glaubst, du schaffst es, oder ob du glaubst, du schaffst es nicht – du hast in jedem Fall Recht."

Die selbsterfüllende Prophezeiung hat einen großen (positiven oder negativen) Einfluss auf unser Handeln. Unsere Annahmen und Einstellungen beeinflussen unser Verhalten. Wie du mit deinen Mitmenschen umgehst, löst bei ihnen genau die Verhaltensweisen aus, die deiner Annahme, deiner Erwartung entsprechen. Gerne sagt man dann „Ich hab das kommen sehen" oder „Ich wusste schon immer, dass er mich nicht mag". Dabei bist du es selbst, der dein Gegenüber sich so verhalten lässt.

Leider neigen wir Menschen auch dazu, uns Vorurteile über andere aufzubauen. Sind solche Vorurteile einmal gebildet und verfestigt, wirst du auch nur noch die Eigenschaften sehen, die zu deinem Vorurteil passen. Das Gegenüber befindet sich nun in einer Schublade, aus der es nur sehr schwer wieder herauskommen wird. Ähnlich verhält es sich, wenn man sich eine bestimmte Weltanschauung zurechtgelegt hat. Dann wirst du ebenfalls nur noch das sehen, was zu deinem Bild passt.

Der wohl bekannteste Beweis, dass positives Denken einen starken Einfluss auf das körperliche Befinden hat, ist der sogenannte Placebo-Effekt. Ein Placebo ist ein Scheinarzneimittel, welches keine Wirkstoffe, sondern in der Regel nur Zucker enthält. Zahlreiche Untersuchungen zeigen, dass die Testpersonen nach der Einnahme von Placebos tatsächlich nicht mehr unter den Symptomen ihrer Krankheit litten. Was sie jedoch geheilt hat, war der Glaube an die Wirkung. Durch diesen Glauben entwickelten die Testpersonen die sogenannten Selbstheilungskräfte. Sie wurden gesund. Dieses Beispiel soll dir zeigen, wie wichtig es für dein erfolgreiches Gespräch ist, positiv zu denken. Optimisten sind oft überdurchschnittlich erfolgreich, weil sie mit einem guten Ausgang rechnen. Sie sind davon überzeugt, die nötigen Fähigkeiten zu besitzen und sie anwenden zu können. Die sogenannte selbsterfüllende Prophezeiung ist wohl der stärkste und effektivste Glaubenssatz, den du bilden kannst.

Unsere Glaubenssätze, unsere Welt

Überall dort, wo du etwas nicht mit Sicherheit wissen kannst, findest du Glaubenssätze. Solche, die dir als Arbeitshypothese dienen. Man vermutet nur, wie es wirklich ist oder was künftig wird, und bildet Glaubenssätze über die Welt und die eigene Identität. Sie entstehen durch eigene Schlussfolgerungen oder Übernahme von Ansichten wichtiger Bezugspersonen. Inhaltlich können sie sich auf Bedeutung, Grenzen, Möglichkeiten, Konsequenzen oder Erwartungen beziehen.

Hierzu einige Beispiele:

- „Das Dasein ist von Leid geprägt."
- „Frauen sind nur hinter dem Geld her."
- „Männer wollen immer nur das Eine."
- „Ich bin ein Verlierer."
- „Für mich wird Glück immer ein seltenes Geschenk sein."

Die intensivsten Glaubenssätze entstehen jedoch aus selbst gemachten Erfahrungen. Zum Beispiel könnte ein mehrfach unglücklich verliebter Mann zu der Überzeugung kommen: „Liebe tut weh". Wenn er jedoch an die große Liebe glaubt, weil er dies immer wieder von seinen Eltern hörte, dann ist es ein übernommener.

Wofür überhaupt Glaubenssätze, welchen Nutzen haben sie?

Mithilfe von Glaubenssätzen kannst du deine Einstellung positiv gestalten. Alte, negative Glaubenssätze kannst du loslassen und durch neue, positive ersetzen. Glaubenssätze helfen dir dabei, innere Konflikte mit dir oder deinem Gesprächspartner zu lösen. Dies hat zur Folge, dass du mit einem neuen geistigen Lebensabschnitt beginnen kannst, was dich wiederum beim Erreichen deiner Ziele unterstützt.

Unbewusste Glaubenssätze hervorholen

Kindheitserinnerungen können dich in deiner Einstellung nachhaltig prägen. Zum Beispiel: „Du bringst schlechte Noten nach Hause, das heißt, du bist faul. Du bist genau so ein fauler Hund wie dein Vater!"

Um herauszufinden, ob eventuell vorhandene Glaubenssätze aus deiner Kindheit herrühren, solltest du dich mit der Frage beschäftigen, woher du diese Aussagen kennst, woher sie dir bekannt sind und ob Bezugspersonen ähnliche Aussagen über dieses Thema geäußert haben.

Notiere dir deine Gedanken und überprüfe, ob der Glaubenssatz etwas Positives gebracht hat. Nun solltest du noch analysieren, ob dieser positive Hintergrund noch immer vorhanden ist oder ob er dich in deinem Handeln behindert.

Übung

Notiere dir deine Gedanken und überprüfe, ob der Glaubenssatz etwas Positives gebracht hat. Anschließend analysierst du, ob dieser positive Hintergrund noch immer vorhanden ist oder ob er dich in deinem Tun behindert.

Folgende Beispiele sollen dir helfen, auf den Grund deiner Glaubenssätze zu kommen.

Beispiel 1:

„Ich mache nicht so viel Umsatz wie geplant."

In diesem Satz könnte der Glaubenssatz stecken: „Ich bin ein schlechter Verkäufer, also ein Versager." Mit der gezielten Frage, was das für den Gesprächspartner bedeutet, kommst du dem unbewussten Glaubenssatz näher.

Beispiel 2:

„Ich muss erfolgreich sein."

Bei diesem Glaubenssatz bietet sich – als zweite Möglichkeit – die Negation des Satzes bzw. das Hinterfragen der damit verbundenen Handlungsmaxime an. Die Frage sollte dann lauten: „Was würde es für dich bedeuten, wenn du nicht erfolgreich wärst?" – Mögliche Antwort: „Wenn ich nicht erfolgreich bin, würde das bedeuten, dass ich nicht so gut bin wie mein älterer Bruder. Das würde bedeuten, ich habe meine Eltern enttäuscht."

Dich beunruhigt die Tatsache, dass du glaubst zu wissen, was die wahrscheinlichen Konsequenzen sind. Da du dich vor diesen Konsequenzen fürchtest, bekommst du es mit der Angst zu tun. Ein wohlhabender Mensch könnte schnell in Panik geraten, wenn sich seine Einkommensverhältnisse verschlechtern. Oft passiert es nun, dass dieser wohlhabende Mensch beginnt, sich vorzustellen, wie sein Leben als Obdachloser aussehen würde. Dabei entsteht noch mehr Angst, und höchstwahrscheinlich wird dies durch übernommene Glaubenssätze aus der Familie noch verstärkt. Dieser panische Herr sollte sich fragen, was der schlimmste Fall zur Folge hätte. Er wird sich einreden, dass das alles Quatsch sei, aber befürchten wird er es dennoch. In aller Regel wissen wir, dass Angst keine realistische Grundlage hat.

Vorannahmen

Die Vorannahmen werden ihrem Wahrheitsgehalt nach grundsätzlich niemals in Frage gestellt, da die Aussagen durch ihren wahrheitsgemäßen Inhalt überhaupt erst einen Sinn erhalten.

Beispiel: „Ich warte, bis der Richtige kommt."

Die Annahme, dass es den Richtigen gibt, wird automatisch vorausgesetzt. In der Umkehrung bedeutet dies, dass es falsch ist, mit „dem Falschen“ zusammen zu sein. Die wichtigste Frage hierbei dürfte sein, wie man „den Richtigen“ erkennt, wenn man sich auf niemanden einlässt.

Die Kernfrage finden

Kernfragen beschäftigen sich mit dem grundsätzlichen Verhalten innerhalb eines Lebensbereiches.

Für einen Verkäufer könnten die Kernfragen wie folgt lauten: „Was muss ich machen, um den Kunden zu überzeugen?“ „Sage ich das Richtige und verhalte ich mich korrekt?“ „Was ist der nächste Schritt, der Richtung Abschluss führt?“

Der Verkäufer setzt die folgenden Vorannahmen in seinen Aussagen:

1. Es gibt die richtige Vorgehensweise, die ich finden muss, um den Kunden zu überzeugen.
2. Es gibt einen bestimmten Weg, der zum Abschluss führt.

Die Gefahr dieser Vorannahmen liegt darin, sich auf einen bestimmten Weg zu fokussieren und dabei aus dem Auge zu verlieren, dass es vielleicht auch noch andere zielführende Wege geben könnte.

Woher weiß ich überhaupt, dass ich beim Verkaufen alles richtig machen muss?

Ein möglicher Glaubenssatz könnte lauten: „Ich muss im Leben generell alles richtig machen“. Solche einschränkenden Glaubenssätze sollten verändert werden.

Techniken zur Veränderung von Glaubenssätzen

Es gibt mehrere Möglichkeiten, einschränkende Glaubenssätze zu verändern.

1. Die Sprachanalyse
   Diese kennst du bereits aus den vorangegangenen Kapiteln.

2. Die Veränderung deiner Grundhaltung

   Stell dir eine erlebte Situation aus deinem Leben vor. Betrachte die Intensität der Bilder. Ist das Bild in deiner Vorstellung sehr scharf? Wie ist die Farbintensität? Siehst du Bilder mit sehr vielen Details oder nur die wesentlichen Bestandteile? Versuche, dir ein möglichst genaues Bild in deiner Vorstellung zu schaffen. Wenn du dieses Bild geschaffen hast, wirst Du entweder in eine sehr positive Stimmung kommen oder aber eine negative Stimmung erzeugen. Wichtig ist nur, dass du das Erlebnis wieder in die Erinnerung geholt hast. Jetzt können wir mit der Veränderung deiner Grundhaltung beginnen.

Die Technik im Überblick:

- Visualisiere eine konkrete Situation.
- Verändere das aufkommende Bild in der Intensität. Vergrößere oder verkleinere hierzu das Bild.
- Hole dir zu deinem neuen Bild unterstützend eine dir vertraute und sympathische Musik hervor.
- Das Gefühl zu deinem neuen Bild wird sich von nun an grundlegend verändern.

Übung

Erinnere dich an das Bild vor deinem geistigen Auge. Verändere nun die Intensität des Bildes, indem du z.B. das Bild vergrößerst. Schau dir dein Bild in einer extremen Vergrößerung an. Wenn du ein schönes Bild vor Augen hast, kannst du jetzt noch Gerüche oder Töne hinzufügen. Lass vor deinem inneren Ohr ein romantisches oder lustiges Lied zu den Bildern entstehen. – Notiere dir deine Gedanken und Details.

Du wirst mit ein wenig Übung deine Stimmung verbessern können. Solltest du dich in einem nächsten Schritt an etwas Negatives wagen, kannst du dich ebenfalls an die Umwandlungstechnik herantrauen.

Hierzu ein Beispiel aus der Praxis:

Eine Frau hatte sehr große Angst vor Spinnen. In diesen Fall hatte sie auch ein konkretes Bild vor Augen. In ihrer Erinnerung handelte es um eine „riesige, mit vielen kleinen Haaren überzogene“ Spinne. An ihrer Körpersprache konnte man ihren Ekel vor diesem Tier deutlich erkennen. Nun hat sie begonnen, die Spinne in ihrer Größe zu verändern. Sie hat die Spinne immer kleiner werden lassen. Sie hat sie so weit verkleinert, dass sie keine Haare bzw. keine Beine mehr erkennen konnte. Die Spinne war jetzt so winzig klein, dass man fast glauben konnte, es handele sich um einen winzigen Punkt auf einem weißen Papier. Wir haben weitere Veränderungen vorgenommen. Sie stellte sich vor, dass sich die Spinne in eine bunte Farbe verändert. Plötzlich hatte sie eine Zeichentrickspinne vor ihrem geistigen Auge. Diese Spinne haben wir mit treu blickenden Augen ausgestattet. Zusätzlich konnten wir noch eine lustige Kindermelodie in die Vorstellung einbauen. Diese Spinne war jetzt so niedlich, dass die Frau weder Angst noch Furcht vor Spinnen hatte.

Nun mussten wir noch dafür sorgen, dass sie diese süße, kleine Spinne dauerhaft vor Augen hat, wenn sie in der Realität auf eine stößt. Wir wussten, dass die Frau eine Mutter ist, und sagten ihr, sie solle sich vorstellen, dass diese kleine Spinne ein kleines wehrloses Geschöpf ist, das zu seiner Spinnen-Mutter möchte, um dort Schutz zu finden. Im letzten Schritt forderten wir sie auf, mit voller Wucht auf diese süße, wehrlose Spinne zu treten, bis diese tot sei. Plötzlich sagte die Frau, dass sie die Spinne nicht töten wolle.

Ich habe der Frau empfohlen, dauerhaft an diese Vorstellung zu denken. Jedes Mal, wenn sie eine Spinne sieht, soll sie sich genau dieses veränderte Bild in Erinnerung rufen. Später sagte uns die Frau, dass sich das Verhältnis durch diese Veränderung sogar so weit entwickelt hat, dass sie Spinnen, die sie in ihrer Wohnung findet, liebevoll auf die Hand nimmt und nach draußen bringt.

Ein weiteres Beispiel aus meiner Zeit als Führungskraft:

Wir hatten einen Mitarbeiter, der panische Angst vor Vorträgen hatte. Wenn er nur daran dachte, einen Vortrag halten zu müssen, wurde ihm ganz übel. Diese Form von Angst hatte sich in diesen Fall sogar in einer körperlichen Reaktion gezeigt. In der Umwandlung der Grundhaltung haben wir ihm den Tipp gegeben, sich detailgenau eine Vortragssituation vorzustellen. In seiner Vorstellung hatte er sich gesehen, wie er mit rotem Kopf auf der Bühne stand. Er hatte in seiner Vorstellung kein klares Wort aussprechen können und alle Zuhörer hatten ihn als Witzfigur gesehen. Nun haben wir begonnen, die Veränderung einzuläuten. Er hatte sich immer perfekt gekleidet. Deshalb haben wir ihn aufgefordert, sich selbst aus der Sicht der Zuhörer zu betrachten. Er stellte sich sich selbst in einem perfekten, schicken Anzug vor. Die Frage, ob er sich bei diesem Anblick gut fühle, bejahte er. Schließlich sollte er sich auf der Bühne sehen, wie er in klarer und deutlicher Aussprache über ein Thema referiert. Nachdem er sich als gut gekleideten Redner sah, gaben wir ihm den Rat, er solle sich als Zuhörer mit seinem Sitznachbarn über den Vortrag unterhalten. Der erste Nachbar sagte ihm: „Passt schon der Vortrag. Wie es immer bei Vorträgen ist. Mich langweilen alle Vorträge. Der könnte sogar nackt da vorne stehen, das würde mich auch nicht interessieren." Und der andere Sitznachbar sagte: „Hervorragender Redner. Er war total gut gekleidet und das, was er sagt, hat Hand und Fuß. Ich wünschte mir, ich könnte auch so auftreten." – Diese Vorstellung hat den Mitarbeiter so begeistert, dass er sofort einen Vortrag halten wollte. Heute hat er keinerlei Furcht oder Angst mehr vor einem Vortrag.

Eine Bitte: Diese Veränderung kann sehr stark auf dich und andere Menschen wirken. Bitte gehe mit ausreichend Fingerspitzengefühl an die Sache heran.

Übung

Lass einen Gedanken für eine Veränderung mindestens zehnmal am Tag aufleben. Insbesondere kurz vor dem Zubettgehen solltest du diese Vorstellung intensiv erleben. Notiere dir einen Veränderungsgedanken so detailliert wie möglich.

3. Positive Gedanken und Selbstmotivation
   Du hast durch deine eigenen Gedanken, durch deine persönliche Einstellung und somit durch dein Handeln die Macht, deine Umwelt zu beeinflussen und dadurch erfolgreicher zu sein. Hierbei ist es wichtig, den Teufelskreis des negativen Denkens durch positive Gedanken, die unweigerlich positive Ergebnisse mit sich ziehen, zu ersetzen.

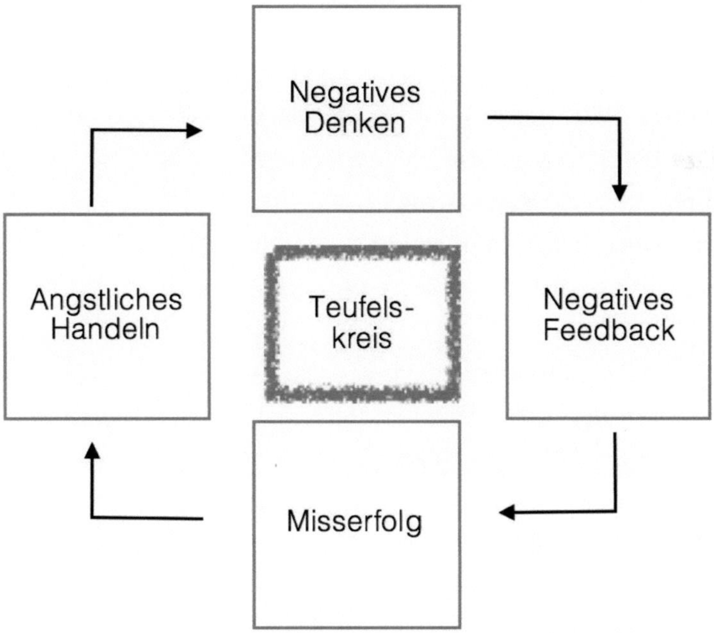

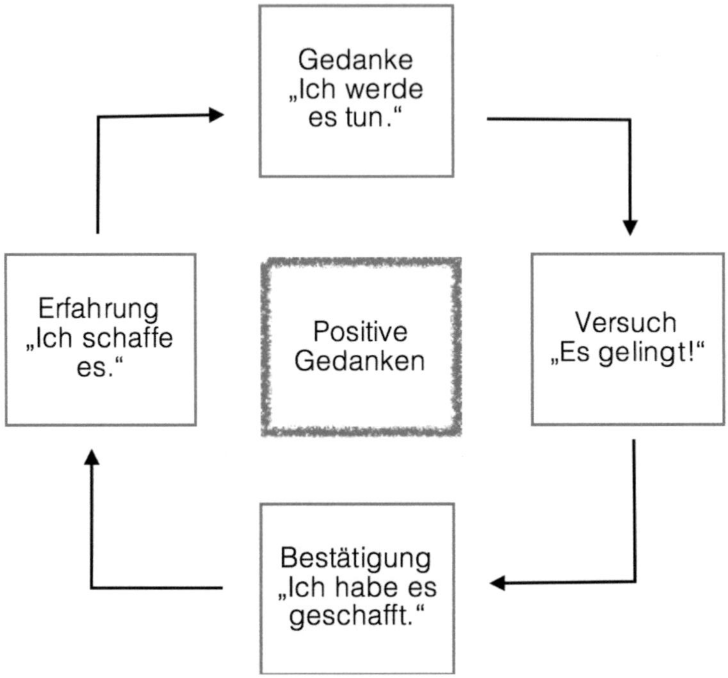

Durch positive Bilder verstärkst du deine Macht.

- Mach dir bildlich, was du erreichen möchtest.
- Stell dir deine Ziele bildlich vor.
- Stell dir deinen Erfolg bildlich vor.

Durch eine positive Sprache verstärkst du deine Macht.

Alt:

Ich muss diese Aufgabe erledigen.

Ich sollte diese Aufgabe erledigen.

Ich versuche, diese Aufgabe zu erledigen.

Besser:

Ich möchte diese Aufgabe erledigen.

Ich will diese Aufgabe erledigen.

Ich werde diese Aufgabe erledigen.

Neu:

Ich habe große Lust, diese Aufgabe zu erledigen.

Ich habe Spaß daran, diese Aufgabe zu erledigen.

Ich freue mich darauf, diese Aufgabe zu erledigen.

Die Erneuerung des Sprachgebrauchs wird selbstverständlich dadurch verstärkt, dass du ***in der Tat*** Lust darauf hast, die vorgenommenen Aufgaben zu erledigen. Diesen Effekt kannst du dadurch erreichen, dass du die Aufgaben, die du nicht gerne erledigst, delegierst oder so veränderst, dass du mehr Spaß daran hast.

Durch Selbstmotivation verstärkst du deine Macht.

Positiv denkende Menschen finden zunächst keine anderen Situationen und Umstände vor als andere Menschen. Sie haben jedoch eine positive Betrachtungsweise und verhalten sich dadurch anders. Gelingt es dir, einen persönlichen positiven Glaubenssatz zur Selbstmotivation zu entwickeln, wird dich dieser in deinem Alltag begleiten und positiv unterstützen.

Ein Beispiel für einen persönlichen Glaubenssatz könnte sein: „Ich bin stets motiviert. Ich verhalte mich wie der Gewinner, der ich bin. Ich schaue, rede, denke und fühle wie dieser Gewinner. Jedes Mal, wenn ich vor einer Schwierigkeit stehe, richte ich mich schnell wieder auf und gehe weiter meinen Weg. Schwierige Aufgaben gehe ich an und löse sie. Wenn mich Niederlagen bedrohen, werde ich noch stärker, positiver und entschlossener, als ich je zuvor war."

Übung

Formuliere einen persönlichen Glaubenssatz.

____

____

____

____

____

____

Konzentrationsübung 7

Diese Woche wirst du lernen, wie du deine Gedanken in eine positive Richtung wandeln kannst. Das wird für dich der Beweis sein, dass du sehr viel mehr verändern kannst, als du wahrscheinlich bis jetzt vermutet hast. Diese Woche wirst du wieder deine Entspannungsposition einnehmen. Wie du es bereits erlernt hast, sollst du dir heute einen Gesprächspartner vorstellen. Stell dir ein Gespräch vor, das du geführt hast, das deiner Meinung nach nicht optimal war. Versetze dich wieder in die Situation zurück. Lass alle Details wieder aufleben. Wenn du wieder in der Situation bist, beginnst du damit, die Situation so zu verändern, dass das Gespräch einen positiven Verlauf nimmt. Stell dir vor, wie perfekt du mit der Situation umgehst, wie dein Gesprächspartner plötzlich eine positive Ausstrahlung annimmt und du schlussendlich dein gewünschtes Gesprächsziel erreichst. Du wirst die Übung perfekt ausgeführt haben, wenn du selbst ein sehr gutes Gefühl hast. Ziel ist es, von einer nicht so optimalen Ausgangssituation in eine gute Ausgangssituation zu kommen – und das nur durch deine neu gewonnene mentale Kraft.

Zusammenfassung

Kapitel 7 hatte die Glaubenssätze zum Inhalt. Ein Glaubenssatz ist eine innerliche Sichtweise, wie die Realität sei, in der wir leben. Wir leben alle in unterschiedlichen Realitäten, nämlich in der jeweiligen individuellen Realität. Erstens entstehen Glaubenssätze durch anerzogene Ansichten. Für diese Art von Glaubenssätzen sind die Eltern bzw. das soziale Umfeld verantwortlich. Zweitens: die dauerhaften Erfahrungswerte. Wir überprüfen in unseren Leben ständig Situationen. Wenn durch diese Situationen immer dasselbe Ergebnis hervorgerufen wird, wird dies zur Wahrheit für den Menschen. Glaubenssätze können uns Menschen dienen, wenn sie einen positiven Charakter haben. Glaubenssätze können aber auch kontraproduktiv sein, wenn sie negativ sind. Glaubenssätze kann man ändern. Durch bewusste Veränderungsarbeit.

Aufgaben zur Lernkontrolle

1. Wie unterscheidet man zwischen „Glauben an …“ und „Glauben, dass …“?
2. Was ist ein Glaubenssatz?
3. Welchen Nutzen haben Glaubenssätze?
4. Wie entstehen Glaubenssätze? Nenne zwei Arten der Entstehung.
5. Durch welchen Personenkreis erlernt man die anerzogenen Glaubenssätze? Kreuze die richtigen Antworten an.
   a. durch die Erziehung der Eltern
   b. soziales Umfeld wie Oma, Opa oder Geschwister
   c. durch den Briefträger
6. Wer ist für die Entstehung deiner eigenen Erfahrungsglaubenssätze verantwortlich?
7. An welchen Schlüsselwörtern kann man die Glaubenssätze bei Gesprächspartnern erkennen?
8. Wie kann man die Glaubenssätze des Gesprächspartners hinterfragen?
9. Was ist ein Glaubenssatz in Bezug auf die Identität?
10. Wie kann man Glaubenssätze verändern? Beschreibe stichpunktartig den Ablauf.

Notizen

Kapitel 8: Der Informationsaustausch

In diesem Kapitel wirst du lernen, die unterschiedlichen Aspekte einer Nachricht zu erkennen. Du wirst erkennen, dass es darauf ankommt, mit wem du gerade sprichst. Welche Wirkung hat deine Aussage auf deinen Gesprächspartner?

Du sitzt mit deiner Frau am Esstisch. Am Tisch sitzen auch noch deine Kinder im Alter von 8 und 16 Jahren.

Du sagst: „Habe ich einen Durst!"

Was werden die Teilnehmer am Tisch verstehen? Alle das gleiche? Oder versteht jeder etwas anderes? Deine Frau steht auf und holt dir etwas zum Trinken. Warum macht sie das? Und warum geht keines deiner Kinder los und holt dir etwas zu trinken?

Deine Frau könnte vielleicht überlegen, was du ihr damit sagen möchtest: „Los, hol mir etwas zu trinken!" Deine Kinder verstehen vielleicht einfach nur, dass der Papa Durst hat. Hier wird aber keine Handlungsaufforderung beigemischt. Warum auch, die Aussage ist scheinbar eindeutig.

Was wolltest du nun wirklich zum Ausdruck bringen? Wie du deiner Frau schonend beibringen kannst, dass das Essen versalzen ist? Praktisch wäre, wenn sie dich fragen würde, ob dein Durst von dem salzigen Essen kommt. „Ach was, Schatz, das hatte ich noch gar nicht bemerkt."

Du wirst in diesem Kapitel lernen, auf welche Weise du Aussagen bewerten kannst und wie du deinem Gesprächspartner Botschaften erleichtern kannst. Die Erleichterung besteht darin, dass du dir bewusst machst, wie du mit wem sprechen solltest, um die größtmögliche Wirkung zu erzielen.

Menschen wirken immer, ob sie nur etwas sagen oder ein bestimmtes Verhalten an den Tag legen. Wichtig ist, dass du dich als Sender einer Nachricht selbst überprüfst.

Welche unterschiedlichen Aussagen hat eine Nachricht?

Hierzu eine kleine Übung, um zu demonstrieren, wie das gesprochene Wort wirken kann.

Übung

Nimm ein Stück Papier und einen Stift zur Hand. Zeichne ein Quadrat mit drei Strichen auf das Papier. Bitte beachte, dass das Quadrat mit drei gleichlangen Strichen gezeichnet wird. Die Auflösung findest du in der Zusammenfassung dieses Kapitels.

1. Die Sachinformation
   Hast du aus der Presse mal ein Gerichtsurteil vernommen, bei dem dir buchstäblich die Haare zu Berge standen? Vielleicht kannst du dich noch an den Fall „Uli Hoeneß“ erinnern. Für seine Steuerhinterziehung wurde er zu 3 Jahren und 6 Monaten Gefängnis verurteilt. Ich möchte weder das Urteil noch die Einschätzung, ob das Strafmaß gerechtfertigt war oder nicht, bewerten. Das überlasse ich anderen. Mir wurde jedoch oft von den unterschiedlichsten Menschen zurückgemeldet, wie ungerecht dieses Urteil doch sei. Du wirst dich jetzt sicherlich fragen, was dies mit der Sachinformation zu tun hat. – Im Gerichtssaal geht es bei solchen Fällen meist heiß zur Sache. Emotionen kochen hoch. Doch schlussendlich wird der Anwalt die Sachlage darlegen müssen und die Richter auf Basis der reinen Sachlage ein Urteil sprechen. Es ist unbedeutend, wie laut oder gar aggressiv der Anwalt sein Plädoyer hält. Hier lautet das Motto: Kühlen Kopf bewahren und die Sachlage ordentlich bewerten.
   Wie kannst du die Sachinformation erkennen?
   Schreibe dir auf, was dein Gesprächspartner spricht. So fällt es dir leichter, die reine Information zu bewerten. Lass alle weiteren Informationen weg. Mach

dir keine Notizen zur Tonlage, Lautstärke oder Stimmung. Du wirst feststellen, dass du mit dieser Systematik deutlich stärker in der Kommunikation wirst. Du kennst sicherlich das Sprichwort: „Nicht, wer am lautesten schreit, hat dadurch auch gleichzeitig Recht." – Versuche, nur den gesprochenen Text zu bewerten. Dein Vorteil liegt darin, dass du so deine eigenen Emotionen sehr stark einschränken kannst. In geschäftlichen wie in privaten Dialogen wirst du eine neue Qualität in deine Gespräche bringen. Vermeide es, dich von deinen Gefühlen zu Aussagen hinreißen zu lassen, die dir schaden könnten. Des Weiteren kannst du aus Sachinformationen die meisten Aspekte herausziehen.

2. Die Selbstoffenbarung
   Jeder Mensch gibt bei einem Gespräch immer etwas von sich preis. Er kann Meinungen, Ansichten und Vorstellungen offenbaren. Wenn du diese Informationen deines Gesprächspartners zum Gesprächsthema machst oder sogar hinterfragst, erfährst du erstaunlich viel über ihn. Welche Vorteile hat das für dich? Du kannst unangenehme Themen leichter in eine andere Richtung steuern. Darüber hinaus wirst du feststellen, dass dein Gesprächspartner eine höhere Wertschätzung empfindet. Die Preisgabe von Information ist ein wertvolles Gut. Die meisten Informationen werden jedoch unbewusst übermittelt. Genau diese Tatsache kannst du dir zunutze machen und so das Gespräch in eine Überlegenheit deinerseits steuern.

3. Die Handlungsaufforderung im Gespräch
   Es gibt Gesprächspartner, die immer eine Handlungsaufforderung hören, egal was man zu ihnen sagt. Sagt man diesen Menschen „Hier im Raum ist es ganz schön heiß", verstehen sie: „Los, mach etwas, damit es nicht mehr so heiß ist". Dieser Gesprächspartner wird wahrscheinlich umgehend ein Fenster öffnen. Solche Gesprächspartner haben manchmal ein ausgeprägtes Harmoniebedürfnis.

4. Die Wertschätzung des Gesprächspartners
   Es ist kein großes Geheimnis, dass wir mit verschiedenen Menschen auf unterschiedliche Art und Weise kommunizieren. Der Chef eines Unternehmens zum Beispiel wird mit seinen Mitarbeitern gemäß ihrer unterschiedlichen Rangordnung kommunizieren. Der Empfänger fühlt sich durch die Art und Weise entweder wertgeschätzt oder abgelehnt, missachtet oder geachtet, respektiert oder gedemütigt. Somit wirst du sicherlich mit deinem Chef anders sprechen als mit deinem Partner oder deiner Partnerin.
   Manche Menschen, oftmals leider Führungskräfte, sprechen mit ihren Mitarbeitern jedoch ohne ausreichende Wertschätzung. Manchmal kann man das Gefühl haben, sie sprechen mit den Mitarbeitern, als wären sie Sklaven. Das genaue Gegenteil findest du bei einem verliebten Paar vor. Übermäßige Wertschätzung, Respekt und Höflichkeit sind kaum zu überbieten. Aber auch hier kannst du erkennen, dass sich die Wertschätzung zwischen den Menschen verändern kann. Nachdem die rosarote Brille abgenommen wurde, verändert sich auch die Kommunikation von Paaren. Und manchmal verändert sich die Wertschätzung so schwer, dass sich die Menschen wieder trennen.
   Die große Chance, ein ordentliches und konstruktives Gespräch zu führen, liegt in einer hohen Wertschätzung des Gesprächspartners. Kommt diese im Gespräch zu kurz, fragt sich der Gesprächspartner manchmal „Wie redet diese Person denn mit mir?“ oder „So lasse ich nicht mit mir sprechen!“ Somit ist besonders darauf zu achten, dass du deinen Gesprächspartnern mit ausreichender Wertschätzung begegnest.
   Warum ist den Menschen diese Wertschätzung so wichtig? – Hierzu ein kleines Beispiel: Was fällt dir bei diesen Bildern auf?

Was ist dir aufgefallen? Dass ein Gesicht traurig aussieht? Wenn ja, dann teilst du die Ansicht von ca. 98 % der Teilnehmer meiner Kurse. Oder ist dir aufgefallen, dass 19 Gesichter lachen? Komisch, oder? Aber sei vergewissert, Menschen werden von Geburt an darauf trainiert, die Gefahr, das Negative zu sehen oder zu erkennen. Manchmal ist das auch gut so. Stell dir vor, du arbeitest als Qualitätsmanager, und deine Aufgabe ist es, Qualität sicherzustellen. Dann kannst du nicht darauf achten, was gut funktioniert. Dann ist es dein Job, Fehler zu beheben. Oder stell dir vor, du bist mit dem Auto unterwegs und würdest auf das achten, was im Straßenverkehr gut funktioniert. Du wärst ziemlich schnell völlig überlastet. Deswegen sucht der Mensch nach dem Fehler im Verkehrssystem, um den Gefahren auszuweichen.

Diese Fehlersuche wird jedoch leider oft zu unserem Charakter. Deswegen wird man auch im Gespräch miteinander die Fehler suchen. In den meisten Fällen ist das die Wertschätzung im Gespräch. Mit diesem Beispiel möchte ich dich ermutigen, die Wertschätzung stets hochzuhalten. Egal, wie das Gespräch verläuft.

„Manchmal vergisst man nach einer gewissen Zeit, warum man sich eigentlich gestritten hat, oder man hat niemals verstanden, warum man überhaupt einen Streit hatte. Aber was man nur sehr schwer vergessen kann, das ist, wie man behandelt wurde.“

Du hast in Kapitel 3 („Die Charakter-Erkennung") bereits gelernt, dass Menschen unterschiedlich behandelt werden möchten. Du wirst feststellen, dass dein Gesprächspartner dir das danken wird. Mit der Wertschätzung gibst du zu erkennen, wie du zu ihm stehst und was du von ihm hältst. Diese Beziehungshinweise werden durch Formulierungen, Tonfall, Mimik und Gestik zusätzlich verstärkt.

Übung zur Sachinformation

Wie du bereits festgestellt hast, gibt es verschiedene Arten, wie dein Gesprächspartner eine Nachricht verstehen kann. Analysiere das folgende Gespräch auf die reinen Sachinformationen hin und notiere diese.

Frau: „Was würdest Du machen, wenn ich sterben würde?"

Mann: „Um dich trauern."

Frau: „Lange?"

Mann: „Sehr lange!"

Frau: „Warum?"

Mann (mit ernstem Gesicht): „Weil ich dich liebe und dein Verlust sehr schmerzlich für mich wäre. Darum!"

Frau (mit einem Lächeln): „Das ist lieb. – Würdest du wieder heiraten?"

Mann: „Nein."

Frau (mit gekränktem Gesichtsausdruck): „Warum nicht? Bist Du nicht gerne verheiratet?"

Mann: „Doch, bin ich."

Frau: „Also würdest Du wieder heiraten?"

Mann (räuspert sich): „Ich denke, wenn ich lange genug getrauert habe und mein Leben wieder einen Sinn ergibt, ja."

Frau: „Würdest du mit ihr auch in unserem Bett schlafen?"

Mann: „Wäre doch angebracht, oder?"

Frau: „Würdest Du mein Bild auf deinem Nachttisch durch ihres ersetzen?"

Mann: „Ich würde beide Bilder aufstellen."

Frau: „Du würdest auch intim werden mit ihr? In unserem Bett?"

Mann (trinkt einen Schluck Kaffee): „Würde sich sicherlich so ergeben ... Ja."

Frau: „Würdest du auch mit ihr Golf spielen?"

Mann: „Ja, würde ich."

Frau: „Würdest Du ihr auch meine Golfschläger geben?"

Mann: „Nein, Sie ist Linkshänderin."

Frau: „??????!!!?!!!!!"

Mann: „Oh, Mist!"

Die Auflösung findest du nach der Zusammenfassung.

Auch wenn es eine sehr lustige Geschichte ist, solltest du die Sachinformation gut herausfiltern.

Welche Herausforderungen bestehen nun für dich, wenn du die Sachnachricht kommunizierst? Du solltest die Sachinformationen klar zum Ausdruck bringen. Achte dabei auch auf deine Körpersprache. Was nützt die beste Sachinformation, wenn die Körpersprache etwas anderes zum Ausdruck bringt?

Übung zur Selbstoffenbarung

In der nächsten Übung sollst du den Text auf die Selbstoffenbarung hin untersuchen. Erinnere dich: Die Selbstoffenbarung charakterisierst du als „Glaubenssätze des Gesprächspartners". Der Glaubenssatz ist der „heilige Boden" des Gesprächspartners. Je besser du die Selbstoffenbarung des Gesprächspartners analysierst, umso besser wirst du deinen Gesprächspartner verstehen. – Notiere dir, was die Person von sich offenbart. Die Auflösung findest du nach der Zusammenfassung.

Frau: „Schatzi, wir müssen reden ..."

Mann: „Okay."

Frau: „Wir unternehmen so wenig miteinander, das war früher ganz anders."

Mann: „Stimmt."

Frau: „Warum hat sich das alles so sehr bei uns geändert? Es war doch früher ganz anders."

Mann: „Wohl wahr."

Frau: „Entweder bist du am Arbeiten oder du sitzt am Computer oder wir schauen zusammen fern."

Mann: „Das ist doch schon mal was."

Frau: „Ja, meinst du denn, wenn wir zusammen fernsehen, das würde mir reichen? Ich erwarte mehr vom Leben. Und von meinem Mann."

Mann: „Und was?"

Frau: „Kannst du nicht mal die Zeitung weglegen und mir zuhören. Du, ich rede mit dir. Mir ist das wichtig."

Mann: „Mir auch, Liebes."

Frau: „Ich rede mir den Mund fusselig und du reagierst gar nicht. Das hätte ich mir nicht träumen lassen, als ich dich geheiratet habe. Warum hast du mich eigentlich geheiratet?"

Mann: „Weil ich dich liebe."

Frau: „Das sagst du nur, weil du deine Ruhe haben willst. Ich kenne dich – du würdest mich jetzt am liebsten alleine mit meinen Sorgen lassen. Stimmt doch, oder?"

Mann: „Nein, Schatz."

Frau: „Ich würde so gerne mal wieder etwas mit dir unternehmen. Essen gehen, ins Kino oder in den Urlaub fahren."

Mann: „Wir waren im Urlaub."

Frau: „Das ist eine Ewigkeit her, und erholt hab ich mich da auch nicht. Das war ja nur Stress, oder?"

Mann: „Wenn du meinst …"

Die Herausforderung bei der Analyse der Selbstoffenbarung ist es, dass man auf keinen Fall seine eigene Meinung in die Selbstoffenbarung einbringt und nicht bewerten sollte. Die Selbstoffenbarung soll dir ausschließlich zur Sammlung von Aspekten der Innenwelt oder von Glaubenssätzen des Gesprächspartners dienen. Die Analyse der Selbstoffenbarung kann dir aber auch noch einen weiteren Vorteil bringen. Du kannst das Gespräch intensiv weiterführen, ohne dich um Kopf und Kragen zu reden.

Übung zur Handlungsaufforderung

Bei der letzten Übung in diesem Kapitel liegt das Augenmerk auf der Handlungsaufforderung. Vielleicht hast du schon bemerkt, dass Kommunikation sehr oft mit einer Handlungsaufforderung verbunden ist. Man möchte mit dem, was man sagt, etwas bewirken. Die Handlungsaufforderung kann zum Beispiel lauten „Übernimm meine Meinung!“ oder „Bitte tu etwas für mich!“ oder „Unterlasse das bitte!“.

In der nächsten Übung sollst du genau auf diese Handlungsaufforderungen achten. Aber Vorsicht: Es gibt direkte Handlungsaufforderungen und indirekte. Bei den direkten Aufforderungen wird der Wunsch offen ausgesprochen. Zum Beispiel: „Kannst du mir bitte die Butter reichen?“ Die indirekten sind schon etwas komplizierter, da man nur glaubt, eine Handlungsaufforderung gehört zu haben. Zum Beispiel: „Du isst heute aber schnell dein Essen auf.“ Viele Gesprächspartner könnten verstehen: „Du isst schneller als sonst.“ Der Gesprächspartner mit dem „Handlungsaufforderungssyndrom“ würde jedoch verstehen: „Iss bitte langsamer!“

Unterstreiche die Handlungsaufforderungen in dem folgenden Text. Damit dir verdeutlicht wird, dass die Nachrichten verschieden wahrgenommen werden können, verwende ich einen Teil aus dem Dialog der letzten Übung. Die Auflösung findest du nach der Zusammenfassung.

Frau: „Schatzi, wir müssen reden …“

Mann: „Okay.“

Frau: „Wir unternehmen so wenig miteinander, das war früher ganz anders.“

Mann: „Stimmt.“

Frau: „Warum hat sich das alles so sehr bei uns geändert? Es war doch früher ganz anders.“

Mann: „Wohl wahr.“

Frau: „Entweder bist du am Arbeiten oder du sitzt am Computer oder wir schauen zusammen fern.“

Mann: „Das ist doch schon mal was.“

Frau: „Ja, meinst du denn, wenn wir zusammen fernsehen, das würde mir reichen? Ich erwarte mehr vom Leben. Und von meinem Mann.“

Mann: „Und was?“

Frau: „Kannst du nicht mal die Zeitung weglegen und mir zuhören. Du, ich rede mit dir. Mir ist das wichtig.“

Mann: „Mir auch, Liebes.“

Frau: „Ich rede mir den Mund fusselig und du reagierst gar nicht. Das hätte ich mir nicht träumen lassen, als ich dich geheiratet habe. Warum hast du mich eigentlich geheiratet?“

Konzentrationsübung 8

Nimm deine gewohnte Sitzposition ein. Diese Woche werden wir mit unseren Gedanken eine Tiefenanalyse durchführen. Dazu benötigst du wahrscheinlich etwas mehr Zeit als gewohnt. Diese Woche sollst du die Entscheidungsgrundlagen aller Entscheidungen heranziehen. Stell dir bitte einen Panzer in einem Kriegsgebiet vor. Der Panzer hat eine unwahrscheinliche Vernichtungskraft. Er ist so gepanzert, dass ihm fast nichts etwas anhaben kann. Warum steht solch eine Vernichtungsmaschine dort? Dir ist sicherlich auch bewusst, dass solch ein Panzer nie alleine dort ist. Hunderte, wenn nicht sogar tausende Menschen sind damit beauftragt, den Panzer zu beschützen. Stell dir vor, er steht vielleicht gerade vor einem afghanischen Dorf und wartet auf einen Kampfeinsatz. Was macht der Panzer da? Und was hast du damit zu tun? Wie kam es außerdem dazu, dass der Panzer überhaupt gebaut wurde? – Warum existiert er?

Das ist heute und im Lauf der Woche deine Übung. Versuche, jeden Schritt von dem aktuellen Standort bis zum Anfang, wo der Panzer gebaut, entwickelt und in den Einsatz geschickt wurde, zu verstehen. Versuche zu verstehen, was alles gemacht werden musste, damit der Panzer da sein kann. Lass uns gemeinschaftlich den Weg in die Vergangenheit gehen.

Der Panzer wurde wahrscheinlich von der Regierung beauftragt, dort hinzufahren. Die Regierung hat auch die Genehmigung dieses Kriegseinsatzes erst beschließen müssen, wie du dir wahrscheinlich vorstellen kannst. In diesem Gremium wurde sicher eine hitzige Diskussion darüber geführt, ob der Kampfeinsatz wichtig und richtig ist. Das Gremium besteht hauptsächlich aus den Menschen, die wir demokratisch gewählt haben. Wir haben dafür gesorgt, dass die Demokratie mit allen verschiedenen Meinungsvertretern besteht. Also hast du mit allen anderen dafür gesorgt, dass die Regierung so zusammengestellt wurde. Somit hat die Regierung das Vertrauen der meisten Menschen, die in diesem Land leben. Somit sind wir ein Teil davon, warum dieser Panzer in das Kriegsgebiet geschickt wurde. Lass uns gemeinschaftlich noch mal auf den Panzer zurückkommen. Wer hat eigentlich den Panzer dort hingebracht? Wahrscheinlich wurde ein Schiff oder ein Luftfahrzeug benutzt, um den Panzer dorthin zu transportieren. Wer ist alles damit beauftragt, den Panzer zu transportieren? Wer hat den Panzer entwickelt? Wer wollte eigentlich, dass dieser Panzer diese Fähigkeit hat, die er jetzt besitzt? Wer hat ihn zusammengebaut? Wer hat den Stahl geliefert? Wer hat eigentlich den Stahl für den Panzer hergestellt? Wer hat überhaupt den Stahl erfunden, und warum?

Was möchte ich mit dieser Übung erreichen? Ich möchte, dass du ein ganz tiefes Verständnis für eine Situation entwickelst. Lass dich nicht ablenken. Denke den Gedanken bis zum Ende durch. Wäge Vor- und Nachteil stets ab. Lass dich aber nicht mit den Emotionen mitreißen. Bleibe stets sachlich. Versuche herauszufiltern, was du damit zu tun hast. Hast du eventuell in irgendeiner Art und Weise etwas zu der Situation beigetragen? Denke bis zum Schluss. Bleib stets hochkonzentriert.

Zusammenfassung

Im Kapitel 8 hast du festgestellt, dass eine Aussage mehrere Bedeutungen haben kann. Du hast gelernt, die Aussage zu entschlüsseln und zu deinem Nutzen zu verwenden. Die Bedeutungen der Aussage werden in vier Teilbereiche eingeteilt. Die Vorteile dieser Einteilung liegen in der eindeutigen Entschlüsselung der Nachrichten und darin, dass du schnelle und unmissverständliche Aussagen treffen kannst. Damit verfügst du über ein weiteres rhetorisches Werkzeug, welches du unabhängig von deiner Vorkenntnis in der Kommunikation anwenden kannst. Ziel ist es, schnell und verständlich zu kommunizieren.

Auflösung der Aufgaben aus diesem Kapitel

Ein Quadrat mit drei gleichlangen Strichen :-)

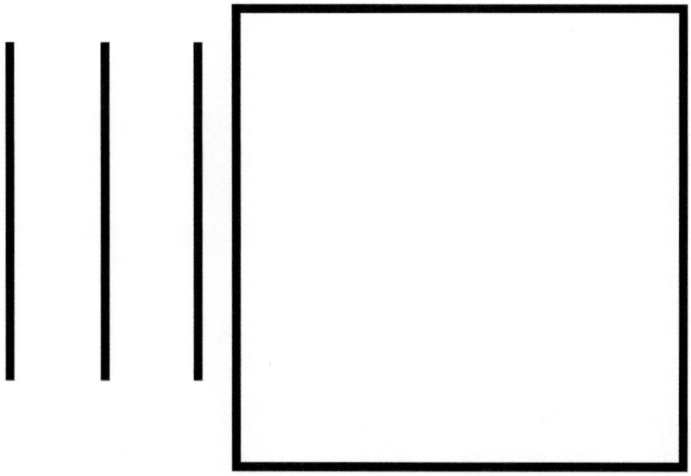

Auflösung der Übung zur Sachinformation

Frau: „Was würdest Du machen, wenn ich sterben würde?" – Ich bin tot. Was machst du dann?

Mann: „Um dich trauern." – Er wird traurig sein.

Frau: „Lange?" – Es wird nach der Dauer gefragt.

Mann: „Sehr lange!" – Die Trauerphase wir als sehr lange eingeschätzt.

Frau: „Warum?" – Die Frau fragt nach dem Grund dafür.

Mann (mit ernstem Gesicht): „Weil ich dich liebe und dein Verlust sehr schmerzlich für mich wäre. Darum!" – Aussage des Mannes, dass er aufgrund seiner Zuneigung so lange leiden würde.

Frau (mit einem Lächeln): „Das ist lieb. – Würdest du wieder heiraten?" – Frau stellt eine Frage.

Mann: „Nein." – Mann verneint sie.

Frau (mit gekränktem Gesichtsausdruck): „Warum nicht? Bist Du nicht gerne verheiratet?" – Frau fragt nach dem Grund für die Verneinung und ob dieser in mangelnder Freude am Verheiratetsein liegt.

Mann: „Doch, bin ich." – Mann ist gern verheiratet.

Frau: „Also würdest Du wieder heiraten?" – Frau fragt nach den Implikationen der Aussage des Mannes.

Mann (räuspert sich): „Ich denke, wenn ich lange genug getrauert habe und mein Leben wieder einen Sinn ergibt, ja." – Mann kann sich vorstellen, wieder zu heiraten.

Frau: „Würdest du mit ihr auch in unserem Bett schlafen?" – Frau fragt nach den sexuellen Implikationen der Aussage des Mannes.

Mann: „Wäre doch angebracht, oder?" – Mann antwortet mit rhetorischer Frage.

Frau: „Würdest Du mein Bild auf deinem Nachttisch durch ihres ersetzen?" – Frau fragt, wie er sich verhält, wenn er ein Bild seiner neuen Frau aufstellen würde.

Mann: „Ich würde beide Bilder aufstellen." – Mann trifft die Aussage, dass er beide Bilder aufstellen würde.

Frau: „Du würdest auch intim werden mit ihr? In unserem Bett?" – Frau fragt erneut nach der sexuellen Aktivität des Mannes nach ihrem Tod.

Mann (trinkt einen Schluck Kaffee): „Würde sich sicherlich so ergeben ... Ja." – Mann bestätigt, dass er mit der neuen Ehefrau sexuell aktiv wäre.

Frau: „Würdest du auch mit ihr Golf spielen?" – Frau fragt, ob er mit ihr Golf spielen würde.

Mann: „Ja, würde ich." – Mann bejaht die Frage.

Frau: „Würdest Du ihr auch meine Golfschläger geben?" – Frau fragt, ob die neue Ehefrau die Golfschläger der alten Ehefrau bekommen würde.

Den nachfolgenden Dialog schließen wir aus der Analyse aus.

Mann: „Nein, Sie ist Linkshänderin."

Frau: „??????!!!?!!!!!"

Mann: „Oh, Mist!"

Auflösung der Übung zur Selbstoffenbarung

Frau: „Schatzi, wir müssen reden ..." – Die Frau möchte mit ihrem Mann sprechen.

Mann: „Okay." – Der Mann stimmt der Bitte zu.

Frau: „Wir unternehmen so wenig miteinander, das war früher ganz anders." – Sie stellt fest, dass die beiden früher mehr unternommen haben.

Mann: „Stimmt." – Der Mann bestätigt die Aussage der Frau.

Frau: „Warum hat sich das alles so sehr bei uns geändert? Es war doch früher ganz anders." – Die Frau stellt fest, dass das früher anders war.

Mann: „Wohl wahr." – Der Mann bestätigt die Aussage der Frau.

Frau: „Entweder bist du am Arbeiten oder du sitzt am Computer oder wir schauen zusammen fern." – Die Frau stellt die Aktivitäten des Mannes fest.

Mann: „Das ist doch schon mal was." – Der Mann stellt fest, dass die beiden etwas zusammen tun.

Frau: „Ja, meinst du denn, wenn wir zusammen fernsehen, das würde mir reichen? Ich erwarte mehr vom Leben. Und von meinem Mann." – Die Frau möchte mehr vom Leben haben.

Mann: „Und was?" – Der Mann möchte wissen, was die Frau „mehr" vom Leben erwartet.

Frau: „Kannst du nicht mal die Zeitung weglegen und mir zuhören? Du, ich rede mit dir. Mir ist das wichtig." – Die Frau hat das Gefühl, dass der Mann die Unterhaltung nicht ernst nimmt, weil er noch die Zeitung in der Hand hält.

Mann: „Mir auch, Liebes." – Der Mann bringt zum Ausdruck, dass ihm die Unterhaltung auch wichtig ist.

Frau: „Ich rede mir den Mund fusselig und du reagierst gar nicht. Das hätte ich mir nicht träumen lassen, als ich dich geheiratet habe. Warum hast du mich eigentlich geheiratet?" – Die Frau stellt fest, dass sie nicht weiß, warum der Mann sie geheiratet hat.

Mann: „Weil ich dich liebe." – Der Mann bringt zum Ausdruck, warum er seine Frau geheiratet hat.

Frau: „Das sagst du nur, weil du deine Ruhe haben willst. Ich kenne dich – du würdest mich jetzt am liebsten mit meinen Sorgen alleine lassen. Stimmt doch, oder?" – Die Frau glaubt die Aussage nicht.

Mann: „Nein, Schatz." – Der Mann widerspricht der Aussage der Frau.

Frau: „Ich würde so gerne mal wieder etwas mit dir unternehmen. Essen gehen, ins Kino oder in den Urlaub fahren." – Die Frau führt aus, was sie gerne mit ihrem Mann unternehmen möchte.

Mann: „Wir waren im Urlaub." – Der Mann stellt fest, dass sie bereits im Urlaub waren.

Frau: „Das ist eine Ewigkeit her, und erholt hab ich mich da auch nicht. Das war ja nur Stress, oder?" – Die Frau beklagt, dass der Urlaub lange her und nicht erholsam war.

Mann: „Wenn du meinst …" – Der Mann stellt fest, dass die Wahrnehmungen des Mannes und der Frau eventuell unterschiedlich sind.

Auflösung der Übung zur Handlungsaufforderung

Frau: „Schatzi, wir müssen reden …" – Die Frau fordert den Mann auf, mit ihr zu sprechen.

Mann: „Okay."

Frau: „Wir unternehmen so wenig miteinander, das war früher ganz anders." – Wir müssen wieder öfter etwas unternehmen.

Mann: „Stimmt."

Frau: „Warum hat sich das alles so sehr bei uns geändert? Es war doch früher ganz anders." – Frau möchte, dass es wieder wie früher wird.

Mann: „Wohl wahr."

Frau: „Entweder bist du am Arbeiten oder du sitzt am Computer oder wir schauen zusammen fern." – Die Frau fordert den Mann auf, dass er mehr mit ihr machen soll.

Mann: „Das ist doch schon mal was."

Frau: „Ja. meinst du denn, wenn wir zusammen fernsehen, das würde mir reichen? Ich erwarte mehr vom Leben. Und von meinem Mann." – Die Frau fordert den Mann auf, aktiver zu sein.

Mann: „Und was?"

Frau: „Kannst du nicht mal die Zeitung weglegen und mir zuhören. Du, ich rede mit dir. Mir ist das wichtig." – Die Frau spricht eine offene Handlungsaufforderung aus.

Mann: „Mir auch, Liebes."

Frau: „Ich rede mir den Mund fusselig und du reagierst gar nicht. Das hätte ich mir nicht träumen lassen, als ich dich geheiratet habe. Warum hast du mich eigentlich geheiratet?" – Die Frau fordert den Mann auf, zu reagieren.

Aufgaben zur Lernkontrolle

1. Die ausgesprochene Nachricht kann mehrere Informationen beinhalten. Welche Informationen werden übertragen? Kreuze die richtigen Antworten an.
   a. Sachinformation
   b. Handlungsaufforderung
   c. Selbstoffenbarung
   d. Wertschätzung
2. Kreuze die richtigen Antworten an. Was ist eine Sachinformation im Gespräch?
   a. Die Sachinformation ist die wertungsfreie Information. Sie wird auch „Zahlen, Daten, Fakten" genannt.
   b. Sachinformationen werden sehr stark mit Emotionen zum Ausdruck gebracht, um die Informationen deutlich hervorzuheben.
3. Was ist eine Handlungsaufforderung? Kreuze die richtigen Antworten an.
   a. Eine Handlungsaufforderung ist eine Kommunikationsart, die nur sehr selten vorkommt.
   b. Eine Handlungsaufforderung kann offen oder verdeckt zum Ausdruck gebracht werden.
   c. Eine Handlungsaufforderung kann nur verstanden, aber nie ausgesprochen werden.
4. Die Wertschätzung bringt zum Ausdruck, …
   a. wie die Gesprächspartner zueinander stehen.
   b. wie die Rangordnung zwischen Vorgesetzten und Mitarbeitern aussieht.
   c. was man von seinem Gesprächspartner hält.
   d. wie hoch der geschätzte Wert einer erbrachten Leistung ist.

5. Die meisten Probleme in der Kommunikation entstehen, wenn die .... nicht beachtet wird. Kreuze die richtigen Antworten an.
   a. Sachinformation
   b. Handlungsaufforderung
   c. Selbstoffenbarung
   d. Wertschätzung
6. Was trifft auf die Wertschätzung zu? Kreuze die richtigen Antworten an.
   a. Darunter versteht man den respektvollen und wertschätzenden Gesprächsverlauf.
   b. Den Gesprächspartner spüren zu lassen, wer der Chef ist.
   c. Wertschätzung im Gespräch ist zu vernachlässigen.
   d. Wertschätzung ist der wichtigste Bestandteil für ein konstruktives Gespräch.
7. Die Wertschätzung kann sich im Lauf der Zeit verändern. Ist diese Aussage richtig? Kreuze die richtigen Antworten an.
   a. Ja, die Wertschätzung kann sich im Lauf der Zeit verändern.
   b. Nein, die Wertschätzung bliebt immer dieselbe und verändert sich nicht.
8. Wenn man das Innenleben des Gesprächspartners besser verstehen möchte, sollte man auf die Selbstoffenbarung achten. Diese Aussage ist …
   a. richtig
   b. falsch
9. Was trifft auf die Selbstoffenbarung zu? Kreuze die richtigen Antworten an.
   a. Man kann mit ihr die Glaubenssätze des Gesprächspartners erkennen.
   b. Es gibt keine Selbstoffenbarung in der Kommunikation.
   c. Sie muss unbedingt von uns kommentiert werden, damit er seine Ansichten verändern kann.
   d. Sie sollte als Information der Glaubenssätze und Gefühle dienen. Eine bewusste Bewertung von außen kann kontraproduktiv wirken.
10. Wie wird eine direkte Handlungsaufforderung formuliert?

Notizen

Kapitel 9: Die Kommunikationsleitfäden

Dieses Kapitel wird dich in deiner Fähigkeit unterstützen, schneller und effektiver zu kommunizieren. Die dafür notwendigen Werkzeuge bekommst du von mir geliefert. Die Werkzeuge bestehen aus Kommunikationsleitfäden und Handkarten (sog. Spieker), die dir helfen werden, das Erlernte häufiger und leichter anzuwenden.

Menschen gehen ganz unterschiedlich mit Veränderungen in ihrer Verhaltensweise um. Was gestern als richtig empfunden wurde, kann morgen schon wieder anders sein. So verhält es sich auch in der Kommunikation. Wenn man sich früher noch mehr Zeit für die Gesprächspartner genommen hat, kommt es heute zu einer Veränderung. Diese Veränderung betrifft hauptsächlich die Effizienz des Gespräches. Heutzutage werden Gespräche schneller und zielorientierter geführt. Das Motto „Zeit ist Geld" hat somit in die Kommunikation Einzug gehalten. Auf diesen Wandel der Kommunikationsart solltest du dich bestmöglich vorbereiten. Bei meinen Leitfäden und Spiekern lege ich großen Wert darauf, dass sie dich in genau dieser benötigten Schnelligkeit und Effektivität unterstützen.

Wenn es dir am Anfang etwas schwerfallen sollte, diese neue Art der Kommunikation anzunehmen, tröste dich mit dem Zitat: „Es ist noch kein Meister vom Himmel gefallen". Zudem kann ich dich ermutigen: Wenn du die Veränderung vollzogen hast, wirst du deine Gespräche mit einer neuen Qualität führen. Dabei wünsche ich dir viel Erfolg.

Die Gesprächsvorbereitung

Für die Gesprächsvorbereitung ist es wichtig, seine Ziele zu kennen.

„Nur wer weiß, wo er hinsegeln will, setzt die Segel richtig."
(Prof. Jürg Meier)

In dieser Zusammenfassung möchte ich dich noch einmal auf die Wichtigkeit des Zieles aufmerksam machen. Wie bereits Prof. Jürg Meier in seinem Zitat zum Ausdruck bringt, kann nur der seine Segel richtig ausrichten und ans Ziel gelangen, der sein Ziel kennt. Um bei dem Zitat zu bleiben, möchte ich dich ermutigen, mehrere Etappenziele zu definieren, die dich unterstützen, dein Hauptziel zu erreichen. Hierzu ein kleines Beispiel. Wenn dein Hauptziel der Verkauf eines Hauses ist, hast du einige Etappenziele zu erreichen, um an dein großes Ziel zu gelangen:

1. Interessenten für dich gewinnen
2. Interessenten auf das Haus aufmerksam machen
3. Das Interesse für das Haus bei den Interessenten wecken
4. Das Haus an den Interessenten verkaufen

Die Vorteile dieser Etappenziele liegen auf der Hand:

1. Du kannst den Kunden in deine Zielrichtung ziehen.
2. Du steigerst dein Selbstbewusstsein, wenn du drei von vier Zielen erreichst. Solltest du dein Hauptziel (Verkauf des Hauses) nicht erreichen, hast du noch zu einem anderen Zeitpunkt die Möglichkeit, das Haus anderen Interessenten anzubieten. Das Etappenziel drei lautet: „Das Interesse für das Haus bei den Interessenten wecken." Somit hast du das Eisen noch im Feuer liegen.

Bleib konzentriert

Du solltest jeden Tag deine Konzentrationsfähigkeiten trainieren. Nur, wenn du konzentriert bist, kannst du die Chance erkennen, dein Ziel zu erreichen. Hierzu ein kleines Beispiel:

1. Du liest diesen Text auf der Seite.
2. Du bist gespannt, was dir dieser Text an neuen Informationen bringt.
3. Du sitzt vielleicht am Tisch und liest gerade den Text.
5. Dir ist nicht aufgefallen, dass die Nummer 4 fehlt.
6. Du hast gerade nachgeschaut, ob die 4 wirklich fehlt.

Vielleicht ist es dir genauso gegangen wie vielen anderen. Du hast den Fehler nicht bemerkt. Wenn es so war, ist das nicht schlimm. Du hast dich einfach nur auf den Text konzentriert und dabei andere Dinge ausgeblendet. Das hast du gut gemacht!

Bleibe konzentriert und offen für alles. Nur wer offen und konzentriert ist, kann immer den richtigen Augenblick erkennen, wann die Zeit gekommen ist, sein Ziel zu erreichen. Wenn du den Fehler entdeckt hast, bist du schon auf einem guten Weg, deine Konzentration auf einem hohen Level zu halten. Mach weiter so!

„Konzentration ist das Geheimnis der Stärke in Politik, Krieg, Geschäft,
mit anderen Worten: in allen menschlichen Angelegenheiten."
(Ralph Waldo Emerson)

Nimm deinen Gesprächspartner wahr

Wenn du im Gespräch stets konzentriert bist, ist es für dich sehr leicht, deinen Gesprächspartner zu beobachten.

Warum ist es so wichtig, den Gesprächspartner zu beobachten? Weil die Körpersprache in der Kommunikation sehr wichtig ist. Die Körpersprache zeigt dir die Veränderung des Gesprächspartners. Die Veränderung zeigt dir, ob du bei dem Gesprächspartner auf dem Zielweg bist. Wenn der Gesprächspartner bei deinen Ausführungen immer offener wird, kannst du das als positives Signal verstehen. Wenn der Gesprächspartner ein leichtes Lächeln zum Vorschein bringt, hast du ihm eine Information gegeben, die bei ihm ein positives Gefühl hervorruft. Wenn du diese Zeichen richtig deuten kannst, kannst du schneller dein Ziel erreichen. Aber nur, wenn du deinen Gesprächspartner richtig beobachtest, kannst du diese wichtige Information aufnehmen.

Warum ist es wichtig, dem Gesprächspartner ständig deine Aufmerksamkeit zu schenken? – Hierzu eine kleine Übung:

Suche dir einen beliebigen Gesprächspartner. Fordere ihn auf, dir eine sehr wichtige und interessante Geschichte aus seinem Leben zu erzählen. Während er oder sie dir die Geschichte erzählt, drehst du dich bewusst weg und schenkst dem Gesprächspartner keinerlei Aufmerksamkeit mehr. Sicherlich wird er dir schnell die Antwort auf diese Frage geben.

Wende deine Fähigkeiten an

Geld ist nur etwas wert, wenn du es ausgibst. Wissen bringt dich nur weiter, wenn du es umsetzt. Fähigkeiten nutzen dir nur, wenn du sie anwendest. Besonders beim letzten Satz ist es wichtig, dich im richtigen Augenblick auch daran zu erinnern, dass du diese Fähigkeiten hast. Hier findest du eine Hilfe, mit der du zu jeder Zeit auf deine Fähigkeiten zurückgreifen kannst:

Gesprächsvorbereitung

- Verfolge dein Ziel
- Sei konzentriert
- Nimm deinen Gesprächspartner wahr

Vertrauen schaffen

Was zeichnet ein gutes Gespräch aus? Ein gutes Gespräch zeichnet sich dadurch aus, dass es harmonisch verläuft. Du kannst ein gutes Gespräch auch wie einen guten Tanz verstehen. Bei einem guten Tanz bewegen sich die Tanzpartner im Einklang. Beide bewegen sich im gleichen Rhythmus und nehmen die gleiche Körperhaltung an. Umso harmonischer die Bewegungen der beiden aufeinander abgestimmt sind, desto perfekter wird der Tanz sein. Beobachtest du ein intensives Gespräch zwischen zwei Personen, wird dir auffallen, dass sich die Gesprächspartner in Körperhaltung, Sprachgeschwindigkeit und Gefühl anpassen. Es ist interessant, diesen natürlichen

Prozess bei sich und anderen bewusst wahrzunehmen, um die Aspekte gezielt für eine bessere Kommunikation einzusetzen.

Was kannst du bei deinem Gesprächspartner wahrnehmen? Die (Körper-)Sprache, Tonfall, Stimmung, Meinung und Weltanschauung. All diese Punkte kannst du deinem Gesprächspartner nachahmen. Dadurch wird ein sehr harmonisches und vertrauensvolles Gespräch entstehen. Dein Gesprächspartner wird eine hohe Wertschätzung und Achtung empfinden. Diese positive Stimmung im Gespräch bringt dich an dein gewünschtes Ziel.

Vertrauen schaffen

- Körpersprache
- Sprache
- Tonfall
- Stimmung

Wie aus einem „Ja" ein „Nein" wird

Wie entsteht Stress? Stress entsteht, wenn du „Ja" sagst, obwohl du eigentlich „Nein" sagen möchtest. Viele Menschen bemerken irgendwann, dass sie fremdbestimmt werden. Die Zeit, die dir zur Verfügung steht, wird manchmal mit Dingen vergeudet, die du tust, die jedoch nur anderen weiterhelfen. Damit bleibst du aber manchmal, wie der Volksmund es schön beschreibt, „auf der Stecke". Fremdbestimmt heißt in diesem Fall, dass du die Ziele anderer verfolgst. Die Folge ist, dass du zu Dingen „Ja" sagst, obwohl du „Nein" sagen möchtest. Aber es gibt einen Ausweg aus diesem Kreislauf des „Ja"-Sagens. Dieser Ausweg wird dich wieder zu mehr Selbstbestimmung und somit zur neuen Souveränität über dein eigenes Leben führen.

Um jedoch weiterhin als freundlicher und hilfsbereiter Mensch wahrgenommen zu werden, ist es notwendig, zu lernen, auf eine diplomatischen Art „Nein" zu sagen.

- Vorgeschichte, warum viele Menschen „Ja"-Sager sind

- Erkennen, welche die eigenen Motive des „Ja"-Sagens sind
- Erlernen der diplomatischen Art des „Nein"-Sagens

Wenn du bereits jetzt schon festgestellt hast, dass du der Gruppe der „Ja"-Sager angehörst, ist das überhaupt nicht schlimm. Ca. 80 % der Menschen sagen aus, dass sie auf eine Bitte hin „Ja" sagen, auch wenn sie es danach bedauern.

Vorgeschichte, warum viele Menschen „Ja"-Sager sind

Von Mitte der 90er-Jahre bis zum Jahr 2015 war ich in diversen Führungspositionen tätig. In dieser Zeit hat sich die Welt in ihrer Art der Kommunikation stark gewandelt. Zeit wurde ab den 90er-Jahren immer wichtiger. Die größten Zeitfresser haben wir schnell identifiziert. Oftmals liegt das Übel darin, dass falsche Prioritäten gesetzt werden. Die Aufgaben mit der höchsten Priorität sollen dich deinem Ziel näherbringen und darüber hinaus stets von dir persönlich erledigt werden. Alles andere ist sekundär. Nun kann es jedoch zu Situationen kommen, in denen Aufgaben dich deinem Ziel nicht näherbringen oder in denen du sie nicht persönlich erledigen kannst, willst oder solltest. Nun bist du in der Situation, „nein" sagen zu müssen.

Ein anderes Beispiel: Jemand, der dir sympathisch ist, fragt dich um einen Gefallen. Eigentlich hast du weder Zeit noch Lust, die Aufgabe zu erledigen, wäre da nicht dieses Bauchgefühl. „Ach, komm schon, du kannst ihn nicht hängenlassen oder verletzen." – Kommt dir das bekannt vor?

Jeder Mensch legt großen Wert auf seine sozialen Beziehungen und darauf, als freundlicher, sozialer Mensch wahrgenommen zu werden. Dieses Bedürfnis verleitet uns dazu, „ja" zu sagen, um anderen zu helfen. Vielleicht ist es auch die Hoffnung, vom anderen Hilfe zu erhalten, wenn man selber einen Gefallen nötig hat. Du möchtest denjenigen nicht vor den Kopf stoßen, und daher sagst du „ja". Diese Gründe werden schnell zur Regel. Du wirst sie nicht mehr hinterfragen. Du reagierst nur noch anstatt zu agieren. Du wirst zum „Ja"-Sager aufgrund psychologischer und sozialer Höflichkeitsaspekte. Sagst du an dieser Stelle nicht „nein", werden es jedoch genau diese Aufgaben sein, die zu deinen Zeitfressern werden. Es entsteht Stress. – Lerne, „nein" zu sagen!

Erkennen, welche die eigenen Motive des „Ja"-Sagens sind

Am Anfang steht die Aufgabe, herauszufinden, warum man selbst ein „Ja"-Sager ist. Dies hängt zum einen vom Charakter eines jeden und zum anderen von seinem Umfeld ab. Ich habe oft festgestellt, dass man „Ja"-Sager in Kategorien einteilen kann. Bevor ich aber die einzelnen Typen aufzähle, kannst du einen „Ja"-Sager-Test durchführen:

Bist du ein „Ja"-Sager? – Notiere dir, wie oft du die Fragen mit „ja" beantworten kannst.

1. Hast du ein schlechtes Gefühl, wenn du einem Freund einen Gefallen ausgeschlagen hast?
2. Übernimmst du schnell die Meinung eines anderen, auch wenn du nicht seiner Meinung bist?
3. Befürchtest du, dass du nicht mehr akzeptiert wirst, wenn du „nein" sagst?
4. Hast du ein Problem damit, jemandem, der sich vordrängeln möchte, entgegenzutreten?
5. Malst du dir manchmal vor einem Gespräch aus, welche Konsequenz ein von dir ausgesprochenes „Nein" nach sich ziehen könnte?
6. Bist du der Überzeugung, dass etwas Unangenehmes passiert, wenn du „nein" sagst?
7. Hast du Herzklopfen oder Schweißausbrüche, bevor du ein „Nein" sagen musst?
8. Ist es dir unangenehm, jemanden um einen Gefallen zu bitten?
9. Benutzt du Notlügen, um eine Bitte abzuschlagen?
10. Entschuldigst du dich, wenn du jemanden abweisen musst/möchtest?
11. Rechtfertigst du oftmals dein „Nein"?
12. Bist du extrem tolerant gegenüber anderen?
13. Bist du harmoniesüchtig?
14. Sagst du oft „ja" und meinst eigentlich „nein"?

Wenn du fünf oder mehr Fragen mit „ja" beantwortet hast, liegt bei dir eine Tendenz zum „Ja"-Sager vor.

Welche unterschiedlichen „Ja"-Sager-Typen gibt es?

- Das ich-möchte-geliebt-werden.ich
  Dieses ich ist sehr stark daran interessiert, von seinem Umfeld gemocht oder sogar geliebt zu werden. Es hat das Gefühl, den Menschen in seiner Umgebung einen Mehrwert zu geben. Nur, wenn es gut zu anderen ist, empfindet es Genugtuung, als Freund wahrgenommen zu werden.
- Das angsthasen.ich
  Dieses ich liebt es, in einem harmonischen Umfeld zu leben. Nichts und niemand soll diese Harmonie stören. Es sagt lieber zu allem „ja", als Ärger zu riskieren. Es wird vermeiden, unnötigen Ärger vom Zaun zu brechen. Es akzeptiert sehr viel, auch wenn es dadurch selbst zurückstecken muss.
- Das ich-rette-die-welt.ich
  Sein Motto: „Ich mache das schon. Die Welt braucht mich und ich genieße es, wenn sie mich braucht." Dieses Ich zieht seine Energie daraus, gebraucht zu werden. Sein Umfeld wird bereits mit einem „Ja" konfrontiert, bevor es überhaupt fragt. Dieses Ich hat ein ausgeprägtes Helfersyndrom.
- Das chancen.ich
  Dieses Ich lässt keine Chance aus, irgendwo mit dabei zu sein. Überall sucht es Möglichkeiten, sich darzustellen und zu zeigen, dass es für größere Aufgaben wie geschaffen ist. Es nutzt jede Chance, um Kontakt zu anderen herzustellen und aus den Kontakten einen Vorteil zu ziehen.
- Das ich-kann-alles-besser.ich
  Dieses Ich übernimmt gerne die Kontrolle über sein Geschehen. Seiner Meinung nach kann es alles besser und schneller erledigen als andere. Schnell meldet es sich, wenn es um wichtige Aufgaben geht.

Vielleicht hast du dich bei einer der aufgeführten Ich-Beschreibungen wiedererkannt. In aller Regel findet man Misch-Typen vor. Im nächsten Schritt lernst du, diplomatisch „nein" zu sagen. Dabei ist wichtig, dass du dein Bauchgefühl berücksichtigst, damit du deinem Gesprächspartner mit einem guten Bauchgefühl ein „Nein" entgegenbringen kannst.

Erlernen der diplomatischen Art des „Nein"-Sagens

1. Lass dich nicht hinreißen.
   Spontaneität zum richtigen Zeitpunkt ist gut. Nimm dir ausreichend Zeit, um eine Antwort zu geben. Lass dich nicht unter Druck setzen. Ein chinesischer Spruch besagt: „Gib auf eine schnelle Frage eine langsame Antwort." Verschaffe dir Zeit. Bitte um ein wenig Bedenkzeit. Ein „Ja", welches bewusst und überlegt ausgesprochen wird, hat einen wesentlich höheren Wert. Mache dein „Ja" wertvoll.
2. Mache dir den Wert des „Jas" bewusst.
   Hast du dir schon mal Gedanken gemacht, was dich ein „Ja" kostet? Wie wir schon festgestellt haben, ist Zeit etwas sehr Wertvolles. Wenn du dich einem Gefallen hingibst, musst du an einer anderen Stelle Zeit einsparen. Was ist es das wert?
3. Zeige Verständnis für dein Gegenüber.
   Bringe Verständnis für deinen Gesprächspartner auf. Suche nach dem Positiven, warum er dich gefragt hat. Bedanke dich und biete ihm deine Hilfe an, wenn es besser passt. Hast du kein Interesse an einem Auftrag, dann sage das offen. Eventuell ist jemand anderes besser geeignet, diesen Auftrag zu erfüllen.
4. Du hast ein Recht, „nein" zu sagen.
   Wenn ein Glaubenssatz von dir lautet „Ich darf nicht nein sagen", solltest du dir Gedanken über das „Wieso" machen, um eine Änderung einzuleiten. Warum können andere Menschen in deinem Umfeld „nein" sagen, ohne die Freundschaft gekündigt zu bekommen? Teste es aus. Sag einfach mal „nein". Beobachte, wie dein Umfeld reagiert. Mach von deinem Recht Gebrauch.

Wenn du erfolgreich „nein" gesagt hast, kann es vorkommen, dass du anfangs im Nachgang ein schlechtes Gewissen bekommst. Das macht nichts! Du hast dich neu erfunden. Dafür wirst du mit viel Zeit beschenkt werden, diesem kostenbaren Gut. Du wirst mehr Selbstbestimmung erlangen und weniger der Spielball anderer sein.

Erfolg ist der Gewinn. Tu es einfach. Nur, wenn du es probierst, kannst du gewinnen. Denn: Nur, wer Lotto spielt, kann auch gewinnen. Und merke dir: Wenn jemand dich nur mag, weil du ein „Ja"-Sager bist, ist es kein guter Freund oder Kollege. Lass dich nicht ausnutzen.

Merke: Stress entsteht, weil du „nein" sagen willst, aber „ja" sagst.

Schnellübersicht

- Zeit gewinnen – nicht sofort reagieren
- Abwägen – was kostet mich das „Ja" an Zeit?
- Verständnis zeigen
- Glaubenssatz untersuchen – was passiert, wenn ich „nein" sage?
- Vorteile des „Neins" für dich analysieren

Kritisieren, aber richtig

Ob im privaten oder im beruflichen Zusammenhang fällt es Menschen immer schwer, Kritik zu üben und damit umzugehen. Was ist eigentlich Kritik und wann sollte ich kritisieren? – Kritik ist die Analyse eines Sachverhaltes oder einer Handlung. Durch diese Analyse möchte man seinen Gesprächspartner auf subjektiv empfundene oder objektiv festgestellte Missstände hinweisen und sie korrigieren. Dies ist im Zusammenleben mit Menschen sehr wichtig. Manche Menschen, gerade Kinder, sind auf konstruktive Kritik angewiesen. Nur so können sich Kinder weiterentwickeln. Auch in anderen Bereichen ist konstruktive Kritik hilfreich und fördernd. Aber wer kritisiert schon gerne? Wenige, denn man läuft gleichzeitig „Gefahr", ebenfalls kritisiert zu werden. Im Beruf gehört es vielleicht sogar zu den Aufgaben, zu kritisieren, um Abläufe zu verbessern oder Beschäftigte zu fördern und zu fordern.

Warum tun sich Menschen jedoch immer schwerer, Kritik zu üben? In der Kindheit lernen wir, wie wir uns zu benehmen haben. Plötzlich kommt es im Sandkasten zu der Situation, dass ein anderes Kind mir etwas wegnehmen möchte. Die Menschen, die sich unserer Erziehung angenommen haben, bringen uns bei, solidarisch zu sein und zu teilen. Kinder lernen in dieser Situation, diese „Anweisung" zu akzeptieren. Sie lernen, das vermeintliche Fehlverhalten des anderen zu tolerieren. Nun werden wir jedoch alle älter, und ständig wird uns suggeriert, dass wir tolerant sein sollen. Was uns in dieser Erziehungs- und Lernphase jedoch nur selten beigebracht wird, ist die Unterscheidung, wann die Toleranzgrenze erreicht wird, an der das Kind „nein" sagen sollte. Und so üben sich Menschenkinder ständig in Toleranz, aber nicht im richtigen Kritisieren. Richtiges Kritisieren ist sehr wichtig, da falsche Kritik bis hin zu handfesten Streitigkeiten und Auseinandersetzung führen kann. Aus diesem Grund wählen viele Menschen den Weg des geringen Widerstandes und lassen Kritik unter den Tisch fallen. Es gibt aber noch weitere Gründe, warum Menschen ungern kritisieren:

1. Die Angst, den anderen zu verletzen
2. Der Wunsch, den anderen zu behandeln, wie ich selbst gerne behandelt werden möchte
3. Die Sorge vor möglichen Konsequenzen und Retour-Kutschen

Oftmals ist jedoch Kritik nötig, um Dinge zu verändern. Wichtig ist in diesem Zusammenhang die Art und Weise, wie Kritik geübt wird. Produktiv, konstruktiv und höflich zu kritisieren, muss gelernt sein. Wird diese Regel eingehalten, fühlt sich dein kritisierter Gesprächspartner nicht schlecht oder herabgesetzt. Dann kann Kritik sogar dazu führen, dass sich das Zusammenleben bzw. -arbeiten deutlich verbessert.

Hierzu ein kleines Beispiel:

Die Floskel „Das passt schon" wird leider häufig gebraucht, um notwendige Kritik zu vermeiden. Hört ein Mitarbeiter diese Floskel jedoch wiederholt, wird er hineininterpretieren: „Das passt schon, mach weiter so." Dieser Umstand wird nicht dazu führen, dass sich Missstände auflösen. Besser wäre es an dieser Stelle, dem

Mitarbeiter eine sachliche Rückmeldung zu geben, um die Veränderung wichtiger Dinge in die Wege zu leiten.

Kommen wir nun zu den sechs Hinweisen, die dir helfen werden, richtig zu kritisieren

1. Verwende Ich-Botschaften.
   Eine Ich-Botschaft hat den Vorteil, dass sich der Gesprächspartner nicht direkt angegriffen fühlt. Hierzu ein Beispiel: „Ich fühle mich bei den aktuellen Abläufen nicht sehr wohl. Diese Abläufe irritieren mich, wenn ich diese so auf meinen Schreibtisch bekomme." Das ist deutlich besser als: „Du gibst mir die Abläufe immer so, dass ich total irritiert bin."
   Bei der Du-Botschaft läufst du Gefahr, einen Angriff auf die Persönlichkeit auszulösen. Dagegen thematisierst du mithilfe der Ich-Botschaft eher die Sachlage.
2. Nimm die konkrete Sachlage zum Anlass.
   Es ist immer wichtig, ein konkretes Beispiel anzuführen. Der Vorteil dabei ist, dass du nicht Gefahr läufst, dass sich dein Gesprächspartner zu Unrecht kritisiert fühlt, da er aktuell keinen Bezug feststellen kann. Die Folge könnte dann sein, dass er sich grundsätzlich gegen Aussagen von dir wehren wird.
3. Suche nach dem Guten an seinem Verhalten.
   Es ist für dich und für deinen Gesprächspartner wichtig, dass du die Sachlage auf das positive Verhalten hin untersuchst. Erstens kann es sein, dass du neue Erkenntnisse zu dem Vorgang bekommst, und zweitens fühlt sich der Gesprächspartner trotz der Kritik wertgeschätzt.
4. Bleibe menschlich.
   Versuche, dich in die Position des anderen zu versetzen. Dein Bauchgefühl wird dir plötzlich Ideen liefern, die du sonst nicht ins Kalkül gezogen hättest. Dabei bleibst du authentisch und mit dem Gesprächspartner verbunden.
5. Zeige dem Gesprächspartner deutlich auf, welche Erwartungen du hast.
   Der Kritisierte benötigt eine Verhaltenslösung. Sei also lösungsorientiert. Wenn sich nun alle Beteiligten an die konkreten Absprachen halten, werden diese für dich und deinen Gesprächspartner messbar. Zeige dem Kritisierten

auch seine Vorteile deiner Erwartungen und eurer Absprachen auf. Gib ihm ein gutes Gefühl mit auf den Weg. Signalisiere ihm, dass du weiterhin gut mit ihm zusammenarbeiten/-leben möchtest.

6. Fordere den Gesprächspartner auf, das Gespräch zu reflektieren.
   Durch diesen abschließenden Punkt werden eure Absprachen verbindlich. Bitte deinen Gesprächspartner, den neuen Verhaltensregeln zuzustimmen, wenn sie so für ihn in Ordnung sind.

Schnellübersicht

- Verwende Ich-Botschaften
- Konkretes Beispiel ansprechen
- Positives am Kritisierten suchen
- Bleibe menschlich, auch wenn die Kritik schwerwiegend ist
- Bringe deine Erwartung an die Zukunft deutlich zum Ausdruck

Vergiss bitte nie bei einem Kritikgespräch:

Egal, wie hektisch es manchmal in solchen Gesprächen zugeht: Dein Gesprächspartner wird nie vergessen, wie du mit ihm umgegangen bist. Der Mensch neigt dazu, schnell zu vergessen, worum es im Detail ging. Was bleibt, ist die Erinnerung an die Emotionen. Dein Gesprächspartner wird nicht vergessen, wie er behandelt wurde.

Solltest du einen Glaubenssatz haben, der beinhaltet, dass du niemand anderen kritisieren kannst, dann stell dir an dieser Stelle die Frage, was passieren würde, wenn du es doch tust. Leite eine Veränderung ein. Kritik üben ist nichts Schlimmes.

Solltest du beruflich viel damit zu tun haben, Kritik an Menschen zu üben, kann es dir helfen, dir zwischendurch Notizen zur konkreten Situation zu machen. Bei der Dokumentation und späteren Kommunikation der Kritik solltest du ebenfalls darauf achten, diese konkrete Situation benennen zu können und dabei einen Wunsch zu äußern, wie du dir die veränderte Situation vorstellst.

Die schnelle Entscheidungsformel

Sicherlich kennst du die Situation, in der es nötig ist, in einem (Verkaufs-)Gespräch eine schnelle Entscheidung herbeizuführen. Du hast ein TOP-Produkt im Koffer und möchtest dieses ohne viele Umwege an den Mann bringen. Mit der schnellen Entscheidungsformel wirst du in die Lage versetzt, deinem Gesprächspartner innerhalb kürzester Zeit eine Entscheidung abzuverlangen.

Leistung – Nutzen für den Gesprächspartner – Rückmeldung

- Leistung
  Nenne nur eine TOP-Leistung deines TOP-Produktes, von dem du deinen Gesprächspartner überzeugen möchtest.
- Nutzen für den Gesprächspartner
  Übersetze den Vorteil in einen konkreten Nutzen für deinen Gesprächspartner.
- Rückmeldung einholen
  Stelle deinem Gesprächspartner die simple Frage, was er von dieser Leistung/dem TOP-Produkt hält.

Hierzu ein kleines Beispiel:

„Ich biete Ihnen heute den 10-Wochenerfolgskurs für nur 4.900 Euro an (Leistung). Das hat für Sie den Vorteil, dass Sie zukünftig 95 % mehr erfolgreiche Verkaufsgespräche führen werden (Vorteil). Was halten Sie davon? (Rückmeldung holen)“

Schnellübersicht

- Nenne eine Leistung!
- Welchen Nutzen hat der Gesprächspartner davon?
- Rückmeldung von Gesprächspartner einholen!

Einwandbehandlung

Bisher ist dein Gespräch gut gelaufen. Du befindest dich in einem Verkaufsgespräch, hast dein Produkt vorgestellt, und nun geht es in die heiße Phase der Kaufentscheidung. Plötzlich sagt der Kunde „nein“. Was ist nun passiert? – Gar nichts, denn ein Einwand ist grundsätzlich ein gutes Zeichen. Ein uninteressierter Kunde wird in der Regel keine Einwände haben. Sie werden dir lediglich einen Vorwand liefern, der es ihnen ermöglicht, dir kein plumpes „nein“ entgegenzubringen.

- **Erster Schritt:** Zeige Verständnis für den Einwand des Kunden. Respektiere seine Meinung. Vielleicht hat der Kunde seinen Nutzen nur noch nicht erkannt. Ein Einwand ist besser als ein klares „Nein“ und daher als Kaufsignal zu sehen. Es eröffnet dir weitere Verkaufschancen. Bedankst du dich bei deinem Kunden für den Einwand, wird dieser sehr positiv überrascht sein.
- **Zweiter Schritt:** Zeige in dieser Phase Empathie und gib deinem Gesprächspartner das Gefühl, dass dir besonders sein Anliegen und nicht nur dein Produkt wichtig ist. Damit hebst du dich deutlich von deinen Mitbewerbern ab. Finde heraus, ob es sich um einen Vorwand oder einen Einwand handelt. Um den wahren Grund eines Einwandes zu erfahren, benötigst du ein gesundes Maß an Hartnäckigkeit. Kannst du nach 2-5 Fragerunden den wahren Grund erörtern, wird es sich um einen echten Einwand handeln. Andernfalls wirst du schnell feststellen, dass es sich um einen Vorwand handelt.

  Ein einfacher Einstieg könnte sein: „Ist das der einzige Grund, der Sie zögern lässt, mein Angebot anzunehmen?“ Oder: „Wie sind Sie zu der Erkenntnis gekommen?“

  Grundsätzlich kannst du unterscheiden zwischen objektiven und subjektiven Einwänden sowie Vorwänden:

  1. Objektiver Einwand

     Ein solcher Einwand liegt vor, wenn es objektive, also sachlich-neutrale Gründe gibt, die der positiven Kaufentscheidung im Wege stehen. In diesem Fall wird der Kunde auch nach bester Einwandbehandlung nicht „ja“ sagen (können). Diese Gründe können zum Beispiel sein: fehlende finanzielle Mittel bis hin zur vollständigen Geschäftsaufgabe oder einzelner Geschäftsbereiche, Insolvenz, religiöse Hintergründe. Liegen solche Gründe vor, rate ich zu einem respektvollen Ausstieg aus dem Verkaufsgespräch. So bleibt dir vielleicht zu einem späteren Zeitpunkt ein Wiedereinstieg möglich, wenn die Situation eine andere ist.

2. Subjektiver Einwand
   Ein solcher Einwand liegt vor, wenn es subjektive, also von der eigenen Meinung oder Erfahrung geprägte, unsachliche Gründe gibt, die der positiven Kaufentscheidung im Wege stehen. Die häufigsten Formen dieser Einwände sind fehlende oder nicht ausreichend vorhandene Informationen oder vorliegende Missverständnisse. Darüber hinaus kann es sein, dass deinem Kunden sein Nutzen noch nicht vollumfänglich klar ist oder ihm (noch) nicht ausreichend Informationen vorliegen. Diese Gründe stehen oft im direkten Zusammenhang mit der Annahme, dass er sich das Produkt nicht leisten könne. Subjektive Einwände können sehr vielfältig sein. Umso wichtiger ist es, dass du diese ausreichend hinterfragst, analysierst und gut argumentierst.
3. Vorwand
   Ein Vorwand liegt vor, wenn dein Gesprächspartner einen vorhandenen subjektiven oder objektiven Einwand verdecken möchte. Die Gründe hierfür können sein: Scham vor deiner Reaktion, Taktgefühl oder mangelndes Selbstbewusstsein, ein klares „Nein“ zu formulieren. Häufig treten Vorwände durch das Verschieben der Kaufentscheidung auf: „Ich muss noch einmal darüber nachdenken.“ Vorwände gilt es schnellstmöglich zu erkennen, da du sonst Gefahr läufst, dich an falschen Hoffnungen festzuhalten. Hinterfrage diese daher gezielt, wenn du das Gefühl hast, dass es sich nur um einen Vorwand handelt. Solche gezielten Fragen könnten etwa lauten: „Was müsste passieren, damit Sie hier und jetzt eine Entscheidung treffen können?“ oder „Angenommen, wir wären uns beim Preis einig: Gäbe es noch andere Gründe, die gegen einen Kauf sprechen? Wenn ja, welche?“.

- **Dritter Schritt:** Wiederhole das Gehörte. Wenn du glaubst, den wahren Grund für seinen Einwand erfahren zu haben, fasse das Gehörte mit deinen eigenen Worten zusammen und bitte den Gesprächspartner um Bestätigung, dass du alles richtig verstanden hast.
- **Vierter Schritt:** Wähle die richtige Technik zur Einwandbehandlung und beantworte den Einwand.

Technik	Beispiel	Ziel
Offene Gegenfrage	„Was genau meinen Sie mit ‚zu teuer'?"	Du sammelst weitere Informationen und Wünsche des Kunden.
Geschlossene Gegenfrage	„Wollen Sie dieses Problem lösen?"	Du schaffst ein hohes Maß an Verbindlichkeit.
Blick in die Zukunft	„Angenommen, wir wären uns beim Preis einig: Gäbe es noch andere Gründe, die gegen einen Kauf sprechen? Wenn ja, welche?"	Vorwand von einem Einwand unterscheiden.
Beipflichten	„Sie haben Recht, der Preis ist nicht günstig. Dafür erhalten Sie jedoch folgende Leistung: ..."	Du stimmst dem Argument zu und milderst so seine Bedeutung.
Übergehen	„ ... "	Du gehst unnötigen Diskussionen aus dem Weg.
Argument aufnehmen	„Genau weil wir dieses Problem kennen, bieten wir eine Ratenzahlung an."	Den Einwand des Kunden als Kaufargument nutzen.

- **Fünfter Schritt:** Wiederhole den Kundennutzen. Du musst verstehen, was dem Kunden wichtig ist. Nur so wird es dir möglich sein, die Vorteile deines Produktes auf seine Wünsche abzustellen. Gelingt dir dies, wird er seinen Nutzen deutlicher erkennen. Frage ihn zum Beispiel, was es kosten würde, wenn der aktuelle Zustand beibehalten wird. Steht er dann vor verlorener Zeit, vor einer Unzufriedenheit, geringerem Profit oder entgangenen Einnahmen, hast du ihn schnell für dein Produkt gewonnen. Er wird die Kosten oder das Risiko des Kaufes in einem anderen Verhältnis sehen.

Nun kannst du dein Gespräch weiterführen.

Richtig Feedback geben

Was ist eigentlich ein Feedback? Mit dem Begriff „Feedback“ wird eine Rückmeldung an den Gesprächspartner bezeichnet. Alles, was der Feedback-Geber beobachten kann, kann zurückgemeldet werden. Welche Vorteile hat ein Feedback? Erstens kann man ein Feedback verwenden, um die Stärken zu stärken. Du kannst also die positiven Eigenschaften deines Gesprächspartners zurückmelden. Diese Art des Feedbacks ist sehr motivierend für den Gesprächspartner. Zweites kannst du ein Feedback verwenden, um die Schwächen, die dir aufgefallen sind, in ein positives Licht zu rücken. Hierbei sind jedoch einige Regeln zu beachten:

1. Das Gespräch sollte mit einer hohen Wertschätzung und Achtung geführt werden. Hierzu passt folgendes Zitat: *„Versuchen wir, das Beste eines jeden Menschen zu erkennen, den anderen im bestmöglichen Licht zu sehen. Diese Einstellung erzeugt sofort ein Gefühl der Nähe, eine Art Geneigtheit, eine Verbindung.“ (Dalai Lama)*
2. Finde die positive Absicht des Gesprächspartners heraus und lobe diese.
3. Wiederhole den Sachverhalt. Bleibe dabei jedoch wertungsfrei.
4. Sage dem Gesprächspartner, wie dieser Vorgang auf dich wirkt.
5. Teile dem Gesprächspartner mit, wie die Lösung aus deiner Sicht aussehen kann.
6. Hole dir die Rückmeldung ein, ob der Gesprächspartner mit dem Lösungsvorschlag einverstanden ist.
7. Wiederhole das Einverständnis und mache dem Gesprächspartner Mut, die Veränderung umzusetzen.

Schnellübersicht

- Finde die positive Absicht heraus und lobe sie
- Wiederhole den Sachverhalt
- Gib eine Rückmeldung zu deinem Gefühl zur Situation
- Biete deinen Lösungsvorschlag an
- Rückmeldung einholen, ob Lösungsvorschlag akzeptabel ist

Konzentrationsübung 9

In dieser Übung sollst du dir eine Blume vorstellen. Stell dir eine Blume von Anfang vor, wie sie wächst und an Schönheit gewinnt. Versuche dir vorzustellen, wie ein Same im Boden liegt. Lass den Samen langsam aufbrechen. Eine extrem kleine Pflanze versucht, sich durch das Erdreich zu arbeiten. Die schöne grüne Pflanze arbeitet sich in Richtung Erdoberfläche. Lass deine Blume immer weiter wachsen. Stell dir die Blume an einen schönen Ort vor. Versuche, dir ein klares Bild von der Umgebung zu machen. Versuche, dich in dieses Bild mit einzubringen. Stelle fest, welche Kraft ein kleiner Samen in sich tragen muss, um eine so schöne Pflanze zu werden. Wer bestimmt, wie die Pflanze wachsen oder aussehen soll? Es liegt wahrscheinlich im Samen begründet. Hier stecken schon alle Informationen drin. Stell dir wieder die Blume vor, wie sie fast automatisch ihre Wurzeln in das Erdreich steckt, um für die Oberwelt gewappnet zu sein. Stell dir vor, dass deine Blume schon so weit aus dem Erdreich sieht, dass man die ersten Formen erkennen kann. Lass nun die ersten Blätter und Blüten heranwachsen. Lass die Blume weiter wachsen. Bemerke den Duft der Pflanze. Bleibe solange im dem Gedanken, wie du möchtest. Du wirst feststellen, dass du etwas erschaffen hast. Aus einer Idee ist ein Bild geworden. Aus einem Bild kann auch etwas Reales werden. Betrachte dich als Architekt der Welt. So arbeitet ein Architekt, aus einer Vision zur Erstellung. Wenn du möchtest, kannst du in den nächsten Tagen statt eine Blume etwas anderes entstehen lassen.

Zusammenfassung

Kapitel 9 („Die Kommunikationsleitfäden") dient dir als Wiederholung der rhetorischen Werkzeuge. Vorteil dieses Kapitels ist es, dir hilfreiche „Schnellhilfen" zu erstellen. Diese Hilfen können dir bei deiner Gesprächsvorbereitung helfen. Auch kann diese Schnellübersicht dir während des Gesprächs große Vorteile bringen. Eine zügige und extrem zielgerichtete Gesprächsführung ist das Ziel. Somit wird dieses rhetorische Werkzeug auch spontan im Alltag anwendbar. Weitere Höhepunkte dieses Kapitels stellen die Fähigkeiten dar, bei deinem Gesprächspartner schnell eine Entscheidung herbeizuführen, dich vom „Ja"-Sagen zu lösen, richtig kritisieren zu können, eine gute Einwandbehandlung zu benutzen und ein gutes und konstruktives Feedback zu geben.

Zuletzt möchte ich Werbung in eigener Sache machen. Ich habe in diesem Kapitel mit unserer Ausbildungsreihe „das …ich" präsentiert. Informiere dich einfach auf meiner Homepage **www.cocept.de** über weitere interessante Themen.

Aufgaben zur Lernkontrolle

1. Wie entsteht durch „Ja"-Sagen häufig Stress?
2. Nenne drei unterschiedliche „Ja"-Sager-Typen.
3. Aus welchen Gründen vermeiden es Menschen, Kritik an anderen zu üben?
4. Was sollte man beim Kritisieren niemals vergessen?
5. Wie lautet die schnelle Entscheidungsformel?
6. Welche Formen von Einwänden gibt es?
7. Was ist das Ziel der Einwandbehandlungstechnik „Offene Gegenfrage"?
8. Wann verwendet man die Einwandbehandlungstechnik „Blick in die Zukunft"?
9. Welche zwei Vorteile hat das Feedback?
10. Mit welchem Punkt schließt man idealerweise das richtige Feedback ab?

Notizen

Kapitel 10: Das Leben

In diesem Kapitel sollen dir Nutzen und Vorteile der Work-Life-Balance erklärt werden. Was ist eigentlich die Work-Life-Balance? Ist das eine Modeerscheinung oder notwendig geworden? Hier dem Begriff verbirgt sich das Gleichgewicht zwischen Arbeit und Privatleben. Man soll die Arbeit und sein Privatleben ins Gleichgewicht bringen. Was ist aber das richtige Gleichgewicht? Welches Verhältnis hat das Gleichgewicht? 50 zu 50, oder wie ist das Gleichgewicht zu verstehen? Oder ist das kein Gleichgewicht, sondern nur eine Sache des Verhältnisses zwischen beruflichem und privatem Leben? Die zweite Aussage ist in diesem Fall die richtige. Das Verhältnis zwischen der Arbeit und dem privaten Leben ist relevant.

Die Work-Life-Balance ist inzwischen zum Stressbewältigungsprogramm geworden. In vielen Fachzeitschriften kann man immer wieder lesen, dass ein nicht ausgeglichenes Work-Life-Verhältnis regelmäßig zum Burnout führen kann. Bereits im Jahr 1974 wurde der Begriff Burnout vom Herbert Freudenberger erwähnt. Dabei wird der Burnout als ein Zustand körperlicher, geistiger und emotionaler Erschöpfung beschrieben. Es handele sich aber dabei nicht um eine normale Arbeitsmüdigkeit, sondern um einen Zustand, der mit wechselnden Gefühlen der Erschöpfung und Anspannung verbunden ist. Es seien „übermäßige Anforderungen an die Energie, Stärke oder Ressourcen“ einer Person.

In der Gesellschaft ist Burnout längst keine Modeerscheinung mehr, sondern wurde zum immer größeren Problem. Die AOK Bayern hat unter ihren 2,1 Millionen erwerbstätigen Versicherten die Krankenmeldungen untersucht. Das Ergebnis ist, dass die befragten Ärzte einen Anstieg der Diagnose „Burnout“ dokumentierten: Die Anzahl der Erkrankungen ist von 48 Fällen im Jahr 2004 auf 4.831 in 2010 angestiegen. Eine Hochrechnung hat ergeben, dass sich die Anzahl der Fälle vom Jahr 2010 auf 2015 verdoppelte. Wenn man die Zahlen genauer betrachtet und hinterfragt, kann man feststellen, dass die Menschen zum größten Teil in der beruflichen Welt Burnouts erleiden. Wie kommt es zu einem Burnout? Der Arbeitgeber möchte einen hohen Einsatz vom Mitarbeiter. Das kann man bereits daran erkennen, dass es derzeit in Deutschland einen neuen Rekord an Überstunden gibt.

*

Wie hoch ist der Stress-Faktor? – Zwei Drittel der Erwerbstätigen leisten regelmäßig Überstunden, wie aus einer Umfrage der von den Kranken- und Unfallversicherungen getragenen ***Initiative Gesundheit und Arbeit*** (iga) vom August 2016 hervorgeht. Von diesen 65 % fühlt sich wiederum jeder Fünfte durch die Erwartung des Arbeitgebers, Mehrarbeit zu leisten, belastet. Von einem Fünftel (22 %) der Befragten wird demnach erwartet, dass sie auch im Privatleben für dienstliche Angelegenheiten zur Verfügung stehen. Diese Erreichbarkeit belaste jeden dritten Betroffenen ziemlich. Die Folge seien zum Beispiel Erschöpfungszustände. Klare Absprachen und ausreichende Zeitpuffer könnten Abhilfe schaffen, hieß es.

Einen weiteren Beleg für die Überlastung hat das unabhängige Analysehaus Morgen und Morgen erbracht. 28,67 % der Fälle von Berufsunfähigkeit werden demnach auf psychische Erkrankungen zurückgeführt.

Ursachen für die Berufsunfähigkeit

Psychische Erkrankungen und Nervenkrankheiten haben in den letzten Jahren am stärksten zugenommen.

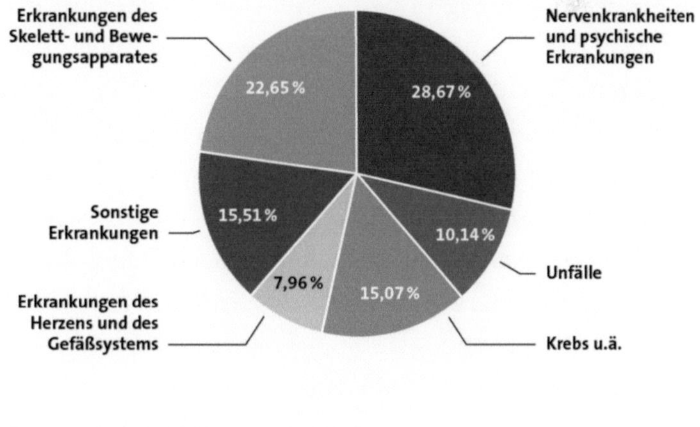

© Quelle: MORGEN & MORGEN, Stand April 2013

Weiterhin wurde festgestellt, dass diese Art der Erkrankung in den letzten Jahren stark zugenommen hat.

Dies ist sicherlich eine Folge der ständigen Optimierung der Arbeitsabläufe in den Unternehmen und führte dazu, dass immer weniger Arbeiter immer mehr Arbeit übernehmen müssen. Somit wird für den Arbeiter der Arbeitsaufwand immer höher. Nicht erstaunlich ist dabei, dass sich der Arbeitnehmer auf dieses Spielchen einlässt. Junge Mitarbeiter verzichten oft auf Freizeit und arbeiten länger und in der Firma, um Karriere zu machen oder viel Geld zu verdienen. Der Status möchte in dieser Phase ebenfalls aufgebaut werden. Wiederum andere arbeiten im Höchstmaß, um ihren Arbeitsplatz zu sichern. Diese positiven Absichten machen sich manche Arbeitgeber zunutze und lassen ihre Mitarbeiter teilweise auf 110 % laufen.

Dass, das nicht lange gutgehen kann, liegt in der Natur der Dinge. Hierzu ein kleiner Vergleich: Wenn du das nächste Mal mit deinem Auto fährst, möchte ich, dass du 30 Kilometer lang mit Vollgas und im ersten Gang auf der Autobahn fährst. Was glaubst du, was passieren wird? Erstens: Der Benzinverbrauch ist extrem hoch. Zweitens wird nach nur wenigen Kilometern der Motor explodieren. Der Motor ist nämlich nicht auf solch eine Art von Belastung ausgelegt. Beim Auto merkt man sehr schnell, dass das Fahrzeug an seinen Grenzen ist. Beim Menschen ist es nicht so leicht zu erkennen. Wo fängt beim Menschen der Burnout an?

Eine der schlimmsten Auswirkungen kann man in Japan bereits erkennen. Hier gibt es sogar den Begriff „Karōshi". Damit bezeichnet man in Japan den berufsbezogenen Tod. Die häufigsten berufsbezogenen Todesursachen in Japan sind Suizid, Schlaganfall und Herzinfarkt, der auf übermäßige Arbeitsüberlastung zurückzuführen ist. Aber kommen wir wieder nach Deutschland zurück.

Woran kann man erkennen, dass man keine richtige Work-Life-Balance hat? Die ersten Symptome sind da, aber werden manchmal falsch interpretiert. Symptome sind zum Beispiel: Man kommt kaputt nach Hause. Man hat keine Kraft mehr, im privaten Leben seinen Hobbys nachzugehen. Hobbys bringen aber Entspannung. Fehlt die Entspannung, kann es zu einem späteren Zeitpunkt zu Folgeschäden des Organismus kommen. Wer kennt es nicht? Man kommt aus der Arbeit und möchte nicht mehr ins Fitnessstudio oder sich sportlich betätigen, weil man kraftlos ist.

Aber der Sport ist wichtig für unseren Körper. Erstens bauen wir im Körper verschiedene Hormone wie zu Beispiel Adrenalin ab. Mit dem Abbau des Adrenalins wird man wieder ausgeglichener. Man hat herausgefunden, dass der Schlaf durch sportliche Betätigung besser wird.

Woran kann man außerdem noch erkennen, dass die Work-Life-Balance nicht richtig funktioniert? Vielleicht kennst du das Phänomen „Feierabendbierchen". Manche benötige am Abend ein oder zwei Biere oder Gläser Rotwein, um zu entspannen. Nicht, dass wir uns falsch verstehen. Gegen ein Glas Wein oder ein Bier, das man aus Genuss trinkt, ist von meiner Seite nichts einzuwenden. Wenn man den Alkohol aber braucht, um runterzukommen, läuft eventuell etwas falsch.

Aber es gibt noch einen weitaus schlimmeren Trend. Dieser Trend beginnt teilweise bereits in der Schule. Die Krankenkasse DAK hat ihn untersucht. Die Ergebnisse: Studenten erhoffen sich von dem leistungssteigernden Medikament Ritalin einen guten Abschluss und somit bessere Chancen auf dem Arbeitsmarkt. Einem Arbeitsmarkt der, wie der Gesundheitsreport 2009 der DAK zeigt, ebenfalls auf „Hirndoping" setzt. Denn eine schnelle Auffassungsgabe, Ausdauer und vor allem Stressresistenz sind auch auf dem Arbeitsmarkt gefragt. Um dem gerecht werden zu können, greifen auch Gesunde gerne einmal zu Medikamenten. So bestätigten in der Befragung der DAK fünf Prozent der rund 3.000 befragten Erwerbstätigen zwischen 20 und 50 Jahren, bereits einmal ohne medizinische Erfordernis zu leistungssteigernden oder stimmungsaufhellenden Medikamenten gegriffen zu haben. Vier von zehn „Dopern" nehmen die Medikamente sogar täglich bis mehrmals wöchentlich ein. Ebenfalls vermutet die DAK, dass der Gebrauch unter Akademikern besonders hoch ist und oft im Studium beginnt.

Die Bundesregierung hatte im Bericht zum Drogenkonsum herausgefunden, dass jeder vierte Mensch in der Bundesrepublik schon mindestens einmal auf leistungssteigernde Medikamente oder Substanzen zurückgegriffen hat. Das ist ein deutliches Zeichen, dass diese Menschen keine Work-Life-Balance leben und in einen fast sicheren Burnout laufen. Ich kenne bereits einige Aussagen, die kommen, wenn man gewisse Substanzen anspricht: „Es ist ja nur für eine kurze Zeit. Wenn ich die Zeit überstanden habe, wird wieder alles ruhiger." – Das kann man sich schon einreden, aber wenn man einmal dem Arbeitgeber und sich selbst gezeigt hat, dass man so leistungsfähig ist, verlangt man das sich immer wieder ab. Und so hat schon mancher Teufelskreis begonnen. Egal, ob kurzzeitig oder langfristig, sollte man sich jetzt überlegen, ob man sich damit etwas Gutes tut für Geist und Körper …

„In der ersten Hälfte unseres Lebens opfern wir unsere Gesundheit,
um Geld zu erwerben, in der zweiten Hälfte opfern wir unser Geld,
um die Gesundheit wiederzuerlangen. Und während dieser Zeit
gehen Gesundheit und Leben von dannen."
(Voltaire)

Leider trifft dieses Zitat des französischen Philosophen Voltaire (1694-1778) in unserem Jahrhundert mehr denn je zu. Aber eigentlich sollte man sich an Mark Twain (1835-1910) halten:

„Je mehr Vergnügen Du an Deiner Arbeit hast, umso besser wird sie bezahlt."
(Mark Twain)

Aber was noch viel wichtiger ist, ist zu erkennen, dass wir der Arbeit nachgehen, um ein Leben zu finanzieren. Wir müssen uns jedoch mal die Frage stellen, welches Leben. – Solltest du viel Geld verdienen zu deinem Lebensinhalt machen, wirst du in eine Sackgasse laufen. Du wirst irgendwann feststellen, dass du zum Wohlstand noch viele andere Dinge benötigst. Die Entdeckung und Entfaltung deines Talentes und den Sinn des Lebens zu erkennen, spiel dabei eine große Rolle. Zu erkennen, dass das Leben Sinn macht und das Gefühl der Liebe, Gesundheit und dass die Menschen durch dich einen Mehrwert bekommen, ist das oberste Ziel. So führen glückliche und zufriedene Menschen ihr Leben. Hier zu noch ein schönes Zitat dazu:

„Willst Du viel Geld verdienen?
Dann finde etwas, was Du umsonst machen würdest, und tu es."
(Wadim Korsch)

Wie du jetzt bereits erkannt hast, liegt das Problem manchmal in der fehlenden Work-Life-Balance. Viele Arbeitende verzichten aufgrund des Berufes auf ihr privates Leben. Und das kann sogar so weit gehen, dass man manchmal gar nicht weiß, was man machen soll, wenn man mal Freizeit hat. In den Untersuchungen, die ich gemacht habe, ist mir immer Folgendes aufgefallen: Die Work-Life-Balance funktionierte bei Angestellten oder Selbstständigen nur dann, wenn ein ordentliches Zeitmanagement gemacht wird. Andere denken, dass die Firma ohne sie nicht mehr existieren könnte. Und wiederum andere können schlichtweg keine Prioritäten im Arbeitsablauf setzen oder einfach mal „nein" zum Arbeitgeber oder der eigenen Arbeit sagen.

Wenn wir uns die aufgezählten Punkte genauer betrachten, sehen wir, dass diese immer in Zusammenhang mit Stress stehen. Stress entsteht, wenn man „ja" sagt, aber „nein" sagen möchte, oder wenn man sich einfach zu viel abverlangt. Warum schreibe ich nicht von der Zeit als Stressfaktor? Das liegt daran, dass manchmal nicht die Arbeits***zeit*** das Problem ist, sondern die ***Gedanken*** an die Arbeit. Auch wenn man eventuell nur drei Stunden am Tag arbeitet, kann es zu einer Stresssituation kommen. Und zwar dann, wenn man in seiner Freizeit auch noch an die Arbeit denkt oder denken muss. Viele, die ich getroffen habe, haben mir immer wieder gesagt, dass das letzte, an das sie denken, wenn sie ins Bett gehen, die Arbeit sei. Und das sollte aber nicht sein.

Was bringt nun eine richtige Work-Life-Balance? – Menschen mit einer richtigen Work-Life-Balance sind deutlich gesünder und ausgeglichener. Oder anders gesagt: Diese Menschen leben ihr Leben.

Wenn du das nächste Mal in eine unausgewogene Work-Life-Balance kommst, weil dein Arbeitgeber dich unter Druck setzt, denke an das Zitat von Henry Ford:

„Es ist nicht der Unternehmer, der die Löhne zahlt – er übergibt nur das Geld. Es ist das Produkt, das die Löhne zahlt."

(Henry Ford)

Den Selbstständigen unter euch kann auch ein weiteres Ford-Zitat helfen:

„Ein Geschäft, das nur Geld einbringt, ist ein schlechtes Geschäft."

(Henry Ford)

Was aber tun, um eine richtige Work-Life-Balance zu erreichen oder zu bewahren?

Auf dem Weg zu einer Lösung

1. To-do-Liste für private Aktivitäten erstellen. Diese sollen auch als Priorität gesetzt werden.
2. Prioritäten für die Arbeit erstellen. Nur die Arbeit, die dich an dein Ziel bringt und die du persönlich machen musst, sollte deinen Arbeitstag füllen.
3. Gespräch mit dem Chef führen. Mit dem Vorgesetzten eine grundlegende Arbeitsstrategie besprechen und leben.
4. Richtiges Zeitmanagement.
5. Arbeiten besser delegieren und kontrollieren.
6. Handy und Computer abstellen – feste Arbeitszeiten einplanen
7. Auch mal „nein" sagen
8. Privatleben soll Ruhe und Gesundheit bringen.
9. Man muss bewusst sein Leben führen – denn wir arbeiten, um unser Leben zu führen, und wir leben nicht, um zu arbeiten.
10. Wenn aber Arbeiten Spaß macht, ist es keine „Arbeit". Dann ist es auch kein Stress.
11. Setze dir ein Lebensziel. Der Sinn des Lebens ist es, den Sinn seines Lebens zu haben und zu kennen.

Konzentrationsübung 10

Du hast es geschafft. In dieser letzten Woche möchte ich dir eine Übung vorstellen, die du immer machen kannst oder sogar machen solltest. Nimm wie immer deine ruhige Sitzposition ein. Werde ruhig und entspannt. Wenn du deinen Höhepunkt an Entspannung erreicht hast, möchte ich, dass du dauerhaft an das folgende Zitat denkst und es auch mit Leben füllst: „Du kannst sein, was auch immer du sein möchtest." Bemerke, dass es dabei keine Einschränkung gibt. Du wirst feststellen, dass die einzige Beschränkung in dir selbst liegt. Finde Lösungsansätze. Was kann dir helfen, um das Problem zu lösen? Denke auch immer daran, dass nur das, was du denkst und glaubst, verwirklicht werden kann. Festige den Glauben an alles, was du benötigst. Orientiere dich nicht auf das Hinfallen, sondern auf das Aufstehen. Entfalte dein Leben und häufe nicht irgendwelche Dinge an. Suche die Antworten in dir und nicht außerhalb von dir. Die innere Lösung ist absolut unabhängig von äußeren Einflüssen. Bleib dir treu. Glückliche Menschen haben nicht immer das Beste. Sie haben die Fähigkeit, das Beste aus der Situation zu machen. Sei dankbar für das, was du hast. Lass manchmal los, wenn es sein muss. Nur, wer loslassen kann, hat wieder beide Hände frei für etwas Neues. Verändere dich, dann wird sich die Welt um dich ebenfalls verändern. Mach nur das, was du willst, und nicht, was du machen musst.

Ich wünsche dir ein gesundes, mit Wohlstand untermauertes Leben in Glück und Liebe.

Zusammenfassung

Kapitel 10 beschäftigte sich mit dem Verhältnis von Arbeit und Privatleben. Wir haben festgestellt, dass ein Burnout nicht nur aus einer erhöhten Anzahl von Arbeitsstunden entsteht, sondern durch die Qualität der Kraftanstrengung. Menschen nehmen ihre Arbeit mit nach Hause, hauptsächlich im Geiste. Ausweg kann ein ordentliches Prioritäten-Management sein. Wie man schnell die Priorität erkennt. Priorität Nummer eins ist: Ich muss die Arbeit ausführen, und es muss mich einem Ziel näherbringen. Alle anderen Aufgaben sollte man geschickt einteilen. Hierzu kannst du gerne auf mein zusätzliches Kapitel in diesem Buch („Prioritäten-Management“) zurückgreifen. Work-Life-Balance ist eine Lebensart, und deswegen lasse ich hier die Fragen zur Selbstkontrolle aus. Du musst dich besonders im letzten Kapitel sehr stark mit dir selbst beschäftigen.

Notizen

Zusatzkapitel: Das Prioritäten-Management

Irrtümlicherweise wird oft davon ausgegangen, dass man Zeit managen kann. Aus diesem Grund nennen sich die meisten Seminare zu diesem Thema „Zeitmanagement". Die Zeit ist jedoch lediglich eine physikalische Größe. Zeit beschreibt die Abfolge von Ereignissen, hat also im Gegensatz zu anderen physikalischen Größen eine eindeutige, unumkehrbare Richtung. Das, was geschehen ist, kannst du nicht mehr beeinflussen. Genauso wenig, wie du beeinflussen kannst, wie schnell eine Sekunde vorbeigeht. Sie ist eine feste Größe. Insofern klingt es ziemlich absurd, diese physikalische Größe zu managen. Du kannst ledig das beeinflussen, was innerhalb dieser Zeit passiert. Dieses Kapitel wird dir dabei helfen, in der vorgegebenen Zeit die richtigen Prioritäten zu setzen, sodass du diese optimal nutzen kannst.

Jeder Tag hat 24 Stunden. Ziehst du davon 8 Stunden für Schlaf und Erholung ab, so bleiben dir jeden Tag 16 Stunden, die du für deinen Erfolg nutzen kannst. Plane deine Tage stets sinnvoll und überlegt. So wird es dir gelingen, die notwendigen Aufgaben im vorgegebenen Zeitraum zu erledigen, unerwartete Ereignisse zu bewältigen und ausreichend Zeit zu haben, dir Gedanken zu machen, abzuschalten und das Leben zu genießen. Grundsätzlich solltest du deine Erfolgszeit wie folgt nach auftretenden Aktivitäten einteilen:

60 % geplant	20 % spontane	20 % unerwartete

Viele Menschen scheitern daran, dass sie nahezu 100 % der Aktivitäten planen wollen. Kommt es dann unweigerlich zu äußeren Einflüssen, entsteht Stress. Planst du jedoch nach der „60-20-20-Grundregel", hast du stets ausreichend Zeiträume für unerwartete Aktivitäten und bist zusätzlich in der Lage, die 20 % für spontane Aktivitäten in die eine oder andere Richtung zu verteilen. Im nächsten Schritt solltest du dir Gedanken zur Wertigkeit deiner Aufgaben machen. Danach erst kannst du dich mit dem Setzen von Prioritäten beschäftigen. Für alle Methoden ist es von grundsätzlicher Wichtigkeit, dass du deine zu bewältigenden Aufgaben kennst und dir ihrer Wertigkeit bewusst bist. Nur so wird es dir gelingen, die richtigen Prioritäten zu setzen.

Stelle nun deine Aufgaben zusammen:

Aufgaben	**Zeitverwendung**

Die Wertanalyse der Zeitverwendung

Diese Methode, die auch ABC-Analyse genannt wird, stellt einen Bezug her zwischen der Wertigkeit der Aufgaben und benötigten Zeit, um diese Aufgaben abzuarbeiten.

A	B	C
Sehr wichtige Aufgaben	Durchschnittlich wichtige Aufgaben	Wenig wichtige Aufgaben
Dringend	Nicht sehr dringend	Routine
Nicht delegierbar	Teilweise delegierbar	Delegierbar
Erledige deine Aufgaben in einer leistungsfähigen und störungsfreien Zeit immer selbst	Überprüfung von Zeit zu Zeit, ob sich die delegierten Aufgaben zu A-Aufgaben verändert haben	Nie selbst erledigen, können auch liegenbleiben
A-Kunden erbringen den höchsten Umsatz	B-Kunden erbringen geringere Umsätze, sind jedoch in der Anzahl größer	C-Kunden erbringen den geringsten Umsatz, sind jedoch in der Anzahl am größten

ABC-Analyse

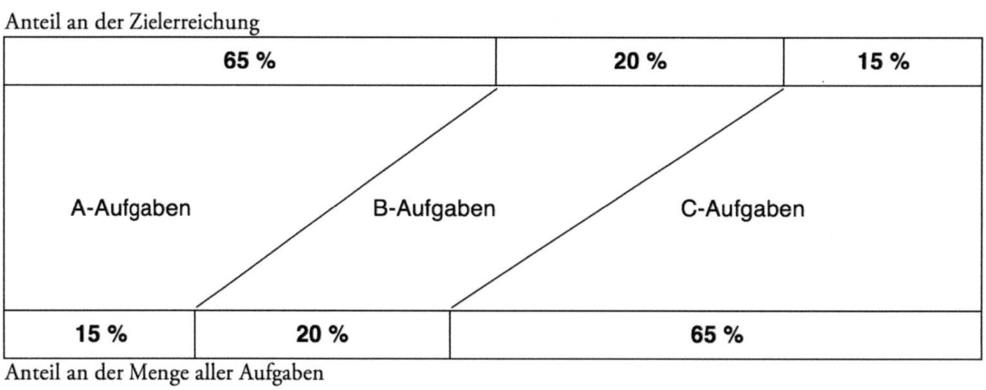

Das Eisenhower-Prinzip

Mithilfe dieser Methode teilst du anstehende Aufgaben in vier Kategorien ein. Die Einteilung gibt dir Aufschluss über die Priorität deiner Aufgaben. Die wichtigsten A-Aufgaben erledigst du sofort selbst. B-Aufgaben terminierst du für einen späteren Zeitpunkt oder delegierst sie. C-Aufgaben erledigst du nicht selbst. Darüber hinaus gibt es beim Eisenhower-Prinzip noch einen Papierkorb, in dem alles Unnötige landet, was nicht bearbeitet wird. Dadurch werden die wichtigsten Aufgaben zuerst erledigt und unwichtige Dinge aussortiert.

Die Einteilung der Aufgaben erfolgt anhand von zwei Kriterien:

- **Wichtigkeit**
  Eine Aufgabe gilt dann als wichtig, wenn sie der Erreichung des Ergebnisses oder des Zieles dient. Aufgaben, die dich deinem Ergebnis nicht näherbringen, sind unwichtig.
- **Dringlichkeit**
  Eine Aufgabe ist dringend, wenn sie an einem bestimmten Termin ihre Gültigkeit bzw. ihren Sinn verliert. Ist es dagegen egal, wann die Aufgabe erledigt wird, ist sie nicht dringend.

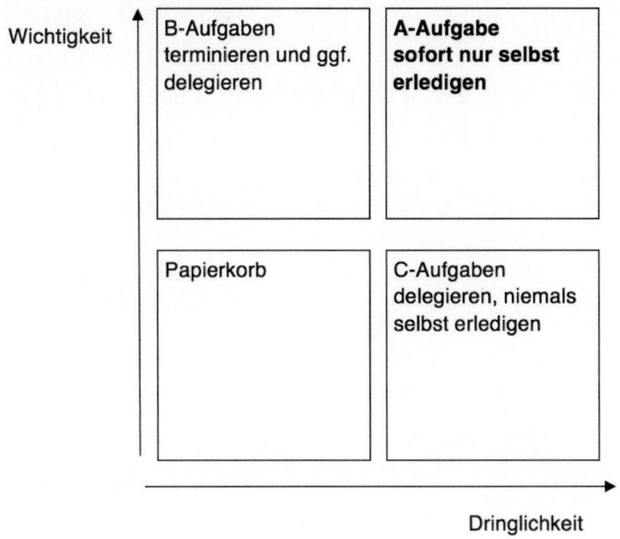

A-Aufgaben	B-Aufgaben	C-Aufgaben	D-Aufgaben
Sehr wichtig und sehr dringend	Wichtig, aber noch nicht dringend	Nicht wichtig, aber dringend	Weder wichtig noch dringend
Sofort nur selbst erledigen	Terminieren und ggf. delegieren	Delegieren, niemals selbst erledigen	Aussitzen, erledigen sich von selbst
Krisen, dringende Probleme, Deadlines, Besprechungen und Vorbereitungen mit Zeitlimit	Planung, A-Projekte, Beziehungen, Vorkehrungen, Prozessverbesserungen	Routineaufgaben, Kleinere Projekte, Organisatorisches, Technik, Unterbrechungen	Unwichtige Anrufe, unwichtige E-Mails, angenehme Tätigkeiten, Zeitverschwender, Verquatschen, Aufgaben über Unwichtiges
Notwendigkeit	**Qualität**	**Illusion**	**Bedeutungsloses**

Gelegentlich wird dieses Prinzip kritisch betrachtet. Grund ist u.a. die Annahme, dass ein gutes Prioritäten-Management verhindern soll, dass Aufgaben sich als dringende in den Vordergrund schieben. Dieser Kritik nach sollte die Einteilung der Aufgaben ausschließlich nach dem Kriterium „Wichtigkeit" vorgenommen werden. Grundlage dieser Kritik ist die Meinung, dass wichtige Aufgaben selten dringend und dringende Aufgaben selten wichtig sind. Der wichtigste Einwand ist jedoch die Frage, wie man für sich selbst „wichtig" und „dringlich" definiert. Bei dieser Frage hilft das Eisenhower-Prinzip nicht, es bleibt an dieser Stelle also sehr persönlich und daher unterschiedlich. Grundsätzlich solltest du dir jedoch die Frage stellen, für was du bezahlt wirst oder was in deiner Stellenbeschreibung steht.

Wir haben in der Praxis stets sehr gute Ergebnisse mit dieser Methode erzielt.

Die ALPEN-Methode

Diese von Lothar J. Seifert entwickelte Art der Aufgabenplanung ist einfach und dennoch sehr effektiv, wenn man sie richtig und konsequent verfolgt. Diese Methode nimmt nur wenige Minuten pro Tag in Anspruch, um einen Plan zu erstellen. Sie besteht aus fünf Schritten, die dieser Methode ihren Namen verleihen:

A	Aufgaben notieren – To-do-Liste mit allen Aufgaben, Aktivitäten und Terminen erstellen
L	Länge schätzen – Zeitaufwand für jede Aufgabe schätzen
P	Pufferzeiten einplanen – „60-20-20-Grundregel“ beachten
E	Entscheidungen treffen – Prioritäten setzen
N	Nachkontrolle – Ergebnis kontrollieren

Aufgaben notieren

Erstelle eine einfache To-do-Liste mit allen anstehenden Aufgaben (ohne Rücksicht auf die Reihenfolge). Notiere dir hierfür alle Aufgaben, Aktivitäten und Termine. Diesen Arbeitsschritt führst du idealerweise am Vortag aus.

Länge schätzen

Schätze den voraussichtlich benötigten Zeitaufwand pro Aufgabe. Achte darauf, dass der Zeitaufwand realistisch und nicht zu knapp bemessen ist. Termine solltest du mit genauen Uhrzeiten notieren. Setze dir für die Aufgaben Zeitlimits.

Pufferzeiten einplanen

Verplane auch hier nur 60 % deiner Arbeitszeit, da kein Tag völlig frei von Störungen sein wird. Du kannst nicht davon ausgehen, dass die veranschlagte Zeit stets hundertprozentig zur Verfügung steht. Diese Pufferzeiten sind sehr wichtig, um Stress gar nicht erst aufkommen zu lassen. Trotz Beachtung der Grundregel kann es dazu kommen, dass die geplante Zeit für die Erledigung bestimmter Aufgaben nicht reicht. Hierfür kann unter anderem auch die Leistungskurve verantwortlich sein. Berücksichtige daher ausreichend Pausen.

Entscheidungen treffen

Setze die richtigen Prioritäten. Hierbei kann dir die ABC-Analyse oder das Eisenhower-Prinzip helfen. Auch wenn am Ende des Tages noch Zeit wäre, sollten delegierte Aufgaben nicht von dir selbst erledigt werden. Nimm diesen Umstand jedoch in die Planung des nächsten Tages auf und erledige in der freigewordenen Zeit mehr A-Aufgaben.

Nachkontrolle

Überprüfe die Planung und die einzelnen Punkte auf Genauigkeit und Status. Unerledigte Aufgaben überträgst du in die Planung des nächsten Tages. Durch die Kontrolle aller nicht-bearbeiteten Aufgaben vermeidest du, dass sie vergessen werden.

Die Vorteile dieser Methode sind:

- Du konzentrierst dich auf das Wesentliche
- Du erhältst einen Überblick über die Tagesaufgaben
- Du erreichst deine Tagesziele
- Du gewinnst Zeit
- Du baust Stress ab, bist motivierter und erhöhst so deine Zufriedenheit

Wochenplan

Willst du deine zuvor definierten und priorisierten Aktivitäten in dein tägliches Tun überführen, ist es notwendig, die Arbeit mit deinem Kalender (Papier, Outlook, Apple-Kalender o.ä.) effektiv zu nutzen. Hierzu empfehlen wir, feste Aktivitäten-Blöcke einzutragen, die du anschließend mit detaillierten Terminen und Aufgaben befüllen kannst. Diese Blöcke können zum Beispiel sein:

- Bürotätigkeiten
- E-Mails bearbeiten
- Kundentermine
- Telefonische Terminvereinbarung
- Social Media
- Unerwartetes
- Mittagessen
- Privat

Des Weiteren empfehlen wir, dich mit den Möglichkeiten deines Kalenders vertraut zu machen. Sehr hilfreich kann zum Beispiel das Arbeiten mit verschiedenen Farben sein. Auch sollten Mitarbeiter(-gruppen) Einsicht, ggf. auch Bearbeitungsmöglichkeiten für die Kalender untereinander haben. Manche Chefs haben ein Problem damit, dass Mitarbeiter oder sogar die eigene Sekretärin Einsicht in die Termine hat, wundern sich dann aber darüber, dass Termine nicht eingehalten werden können. Viele elektronische Kalender bieten darüber hinaus die Möglichkeit, Termine als „privat“ zu kennzeichnen. Somit ist die Privatsphäre gewahrt, und dennoch wissen die Mitarbeiter und Kollegen, ob freie Zeiträume vorhanden sind.

	Mo.	Di.	Mi.	Do.	Fr.	Sa.	So.
8:00	Büro	Privat					
9:00	Besprechung	Büro					
10:00	Besprechung	Büro		Büro	Büro		
11:00	Besprechung	Pause	Besprechung	Büro	Büro		
12:00	Pause	Kundentermine	Besprechung	Pause	Pause		
13:00	Kundentermine	Kundentermine	Pause		Besprechung		
14:00	Kundentermine	Büro	Kundentermine	Privat	Besprechung		
15:00		Büro			Besprechung		
16:00	Privat	Kundentermine	Privat		Privat		
17:00		Kundentermine		Büro			
18:00				Büro			
19:00							

Beispiel einer Wochenplanung. Beachte auch hierbei stets die „60-20-20-Grundregel“. In unserem Beispiel solltest du also von 55 möglichen Arbeitsstunden maximal 33 Stunden fest verplanen.

Übung

Kategorisiere deine Aufgaben in Aufgabenblöcke und erstelle einen Wochenplan.

Das Pareto-Prinzip

Dieses nach Vilfredo Pareto benannte Prinzip, welches oft auch „80-zu-20-Regel" genannt wird, besagt, dass 80 % der Ergebnisse mit 20 % des Gesamtaufwandes erreicht werden. Im Umkehrschluss benötigt man für die verbleibenden 20 % der Ergebnisse 80 % der Arbeit. Dieses Phänomen findet man an vielen Stellen wieder. Vilfredo Pareto untersuchte die Verteilung des Bodenbesitzes in Italien und fand heraus, dass ca. 20 % der Bevölkerung ca. 80 % des Bodens besitzen.

Überprüfe das Pareto-Prinzip selbst und stelle fest, ob das Verhältnis auch bei dir zutrifft.

- 80 % des Umsatzes von Firmen werden meist mit 20 % der Kunden erzielt.
- 80 % der Anrufe führst du mit 20 % deiner gespeicherten Kontakte.

Auch in der Bewältigung von Aufgaben findet sich das Pareto-Prinzip wieder. Hierbei stellen wir fest, dass 20 % der Aktivitäten (Anteil der wichtigen Aufgaben) im Ergebnis rund 80 % am Ergebnis ausmachen. Umgekehrt machen 80 % der Aktivitäten (Anteil der nebensächlichen Aufgaben) lediglich 20 % am Ergebnis aus. Nutze diese Erkenntnis für die Priorisierung deiner Aufgaben.

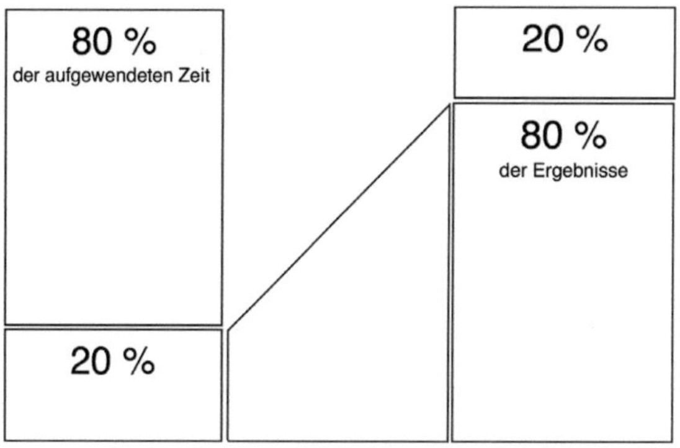

Deine Motive

Nichts, was du tust, tust du ohne Grund. Die Erledigung einer Aufgabe kann jedoch unterschiedliche Motive haben. Diese Motive sind dein Antrieb. Hierbei unterscheiden wir den inneren vom äußeren Antrieb. Der innere Antrieb wird nochmals unterschieden in einen primären und einen sekundären Antrieb. Der Unterschied liegt in der inneren Einstellung.

Primär motivierte Aufgaben

Diese Aufgaben erzeugen bei dir eine außerordentlich hohe Einsatzbereitschaft. Die Aussicht auf das Erledigen der Aufgaben weckt bereits eine innere Zufriedenheit und macht dich glücklicher. Sie erfüllen einen Sinn und Zweck. Daher identifizierst du dich mit diesen Aufgaben sehr stark.

Sekundär motivierte Aufgaben

Diese Aufgaben bezeichnest du auch als „Sinn zum Zweck". Du möchtest diese Aufgaben schnell erledigen und dich nicht lange mit ihnen aufhalten. Du empfindest die Erledigung dieser Aufgaben eher als Last.

Aus einer sekundär motivierten Aufgabe kann jedoch eine primär motivierte werden, wenn sich deine innere Einstellung zu ihr ändert. Hierbei kann dich die Veränderung deiner Glaubenssätze unterstützen.

Übung

Notiere sekundär motivierte Aufgaben und überlege dir, welche Einstellung dazu führen könnte, dass sie sich in primär motivierte Aufgaben verwandeln.

Zusammenfassung

Im Zusatzkapitel „Das Prioritäten-Management“ hast du gelernt, dass du die Zeit als physikalische Größe nicht managen kannst. Du kannst jedoch Stress vermeiden, indem du deine Aktivitäten stets sorgfältig und überlegt planst. Hierbei ist es wichtig, dass du ausreichend „Freiräume“ für Unvorhergesehenes einplanst. Zur Einordnung und späteren Priorisierung deiner Aufgaben kannst du dich verschiedener Methoden bedienen. Darüber hinaus ist es wichtig zu verstehen, in welchem Verhältnis Aufgaben und Zeit zueinander stehen, und welche Motive dich bei der Erledigung der Aufgaben antreiben. Um manche Aufgaben effektiver zu bewältigen, kann deine innere Einstellung zu ihnen zum Beispiel durch die Veränderung von Glaubenssätzen verändert werden.

Aufgaben zur Lernkontrolle

1. Was versteht man unter der „60-20-20-Grundregel“?
2. Wie sind B-Aufgaben im Rahmen der sogenannten ABC-Analyse zu bearbeiten?
3. Nach welchen Kriterien werden die Aufgaben beim Eisenhower-Prinzip eingeteilt?
4. Welche Schwierigkeit tritt im Umgang mit dem Eisenhower-Prinzip auf?
5. Benenne die fünf Schritte der ALPEN-Methode.
6. Wie viel Prozent der täglichen Arbeitszeit sollten lediglich fest verplant werden?
7. Nenne drei Vorteile der ALPEN-Methode.
8. Welchen Grundsatz beschreibt das Pareto-Prinzip?
9. Nenne ein Beispiel aus der Praxis für das Pareto-Prinzip.
10. Wie werden die Aufgaben nach deinen Motiven unterschieden?

Notizen

Lösungen der Aufgaben zur Lernkontrolle

Antworten zu Kapitel 1 „Die Gesprächsvorbereitung"

a. Aufgrund der Zielsteuerung kannst du den Gesprächspartner in eine bewusste Richtung steuern und im Vorfeld alternative Ziele festlegen. Zugleich kannst du deine Vorbereitung als roten Faden in deinen Gesprächen verwenden.
b. Derjenige, der sich gut auf das Gespräch vorbereitet hat, wird dieses steuern. Begründet liegt dies in der Notwendigkeit einer zielgerichteten Kommunikation, die mit dem nötigen Hintergrundwissen untermauert wird. Wer sein Ziel kennt, wird dieses bewusst verfolgen.
c. Als Vorbereitung und Fähigkeiten sind folgende Punkte zu nennen: Gesprächsziel erkennen und definieren, hohe Konzentration erreichen, bewusste Wahrnehmung des Gesprächspartners und Festigung der neu erworbenen Fähigkeiten mithilfe der „Anker-Methode".
d. Nur der Mensch, der sein Ziel kennt, kann es auch erreichen. Sei kein Blatt im Winde. Ein definiertes Ziel gibt dir die nötige Sicherheit und dient im Gespräch als roter Faden.
e. Durch eine stetige Konzentration nimmst du deinen Gesprächspartner bewusst wahr und erkennst Veränderungen in seiner Körpersprache.
f. Da 95 % der Kommunikation durch Körpersprache zum Ausdruck gebracht werden, ist es besonders wichtig, auf diese zu achten. Die Körpersprache gibt uns Hinweise, ob wir unsere Kommunikation zielgerichtet führen.
g. Weil nur derjenige, der seine Fähigkeiten kennt, diese zum richtigen Zeitpunkt anwenden kann.
h. Die Sinneswahrnehmungen sind: Sehsinn, Hörsinn, Spürsinn, Geruchssinn und Geschmackssinn.

i. Bei der „Anker-Methode“ handelt es sich um eine Methode zum Abruf von positiven Gefühlen in einer unsicheren Situation. Hierdurch versetzt du dich selbst in die Lage, deine neu erworbenen Fähigkeiten wieder abzurufen und dadurch die nötige Sicherheit wiederzuerlangen.
j. Entspannen, Visualisieren, Anker setzen und dauerhaft wiederholen.

Antworten zu Kapitel 2 „Der Vertrauensaufbau“

1. Wenn es um die wichtigsten Entscheidungen im Leben geht, vertrauen die meisten Menschen nur sich selbst. Dies liegt darin begründet, dass sie selbst für ihre Entscheidungen die Verantwortung übernehmen (müssen).
2. Man kann dem Gesprächspartner Hinweise zu seiner Körpersprache, den Augenbewegungsmustern, zu Sprache und Tonfall, zu seiner Stimmung sowie zu seinen Meinungen und seiner Weltanschauung widerspiegeln.
3. Die Körpersprache ist eines der wichtigsten Elemente, da durch das Anpassen der Körperhaltung, kleinerer Bewegungen oder Gewichtsverlagerungen und der Mimik eine tiefe Verbindung zum Gesprächspartner hergestellt wird. Man wird gleich mit dem Gesprächspartner. Dies schafft die Basis einer tiefen Verbundenheit zum Gesprächspartner und dessen Unterbewusstsein. Im Verlaufe des Gespräches ermöglicht diese Verbundenheit, das Gespräch zu einem bestimmten Ziel zu führen.
4. Aus dem Augenbewegungsmuster können der visuelle, der akustische sowie der gefühlte oder empfundene Kanal erkannt werden.
5. Der Gesprächspartner befindet sich in einem inneren Dialog.

6. Der Gesprächspartner erinnert sich an ein Lied aus dem Radio

7. Der Gesprächspartner stellt sich sein zukünftiges Haus vor.

8. In diesem Fall sollte man den Gesprächspartner nicht durch Fragen stören, sondern auf eine Reaktion warten. Der innere Dialog sollte nur dann durch eine direkte Ansprache unterbrochen werden, wenn der Gesprächspartner in eine unerwünschte Richtung zu entgleiten droht.
9. Nein, es kann aber ein Indiz dafür sein. Die Augenbewegungsmuster zeigen, ***wie*** jemand denkt, nicht ***was*** er denkt. Es deutet darauf hin, dass sich der Gesprächspartner etwas vorstellen kann. In dieser Konstruktionsphase sollte man gemeinsam mit ihm an seiner Konstruktion arbeiten.
10. Die Sprache und der Tonfall machen rund 38 % der Kommunikation aus (siehe Kapitel 1).
11. „Den Gesprächspartner abholen" bezeichnet das Widerspiegeln der Stimmungslage des Gesprächspartners zu Beginn eines Gespräches. Nur, wenn die gleiche Stimmung vorherrscht, kann eine tiefe Verbindung hergestellt werden.
12. Aufgrund der Akzeptanz der Meinungen des Gesprächspartners vermeidet man unnötige negativ verlaufende Diskussionen.

Antworten zu Kapitel 3 „Die Charakter-Erkennung"

1. Das Modell der Temperamentenlehre stammt von dem griechischen Arzt Hippokrates und wurde von dem griechischen Anatom Galenos von Pergamon mit der Viersäftelehre verknüpft.
2. Die vier Flüssigkeiten sind Blut, Schleim, Schwarze Gallenflüssigkeit und Gelbe Gallenflüssigkeit.
3. Die zwei introvertierten Charaktere sind das träge.ich und das schwermütige.ich. Die zwei rationalen Charaktere sind das schwermütige.ich und das aufbrausende.ich.
4. Ordentlich, genau, treu, sensibel, organisiert, respektvoll, gewissenhaft, rücksichtsvoll, bescheiden, nachdenklich, unsicher, launisch, schüchtern, skeptisch, pessimistisch, ernst, übergenau, analytisch, hinterfragend, durchdacht, anspruchsvoll besorgt, ängstlich, misstrauisch
5. Erregbar, direkt, mutig, aktiv, energisch, ehrgeizig, entschlossen, sicher, unabhängig, abenteuerlustig, leistungsfähig, selbstständig, selbstbewusst, zielbewusst, überzeugend, hartnäckig, bestimmend, ideenreich und entscheidungsfreudig, dominant, überheblich, manipulierend, zanksüchtig, arbeitssüchtig, taktlos, abweisend, ungeduldig, autoritär, dickköpfig, zügellos, intolerant, stur, ichbezogen, hitzköpfig
6. Geduldig, schüchtern, zurückhaltend, tolerant, diplomatisch, anpassungsfähig, beständig, beharrlich, verbindlich, beherrscht, sozial, gelassen, friedlich, genügsam, starr, sorgenvoll, zweifelnd, zögernd, unbeteiligt, unschlüssig, lässig, ziellos, ängstlich, widerwillig, unauffällig, gleichgültig, begeisterungslos, unterwürfig
7. Verspielt, fröhlich, optimistisch, spontan, überzeugend, gesprächig, beliebt, kontaktfreudig, gesellig, lustig, auffallend, anregend, hoffnungsvoll, gutmütig, munter, überschwänglich, sorglos, zufrieden, taktlos, reizbar, rastlos, wankelmütig, inkonsequent, unberechenbar unverschämt, nachgiebig, unorganisiert, undiszipliniert, vergesslich, hektisch, zerstreut, redselig, angeberisch, oberflächlich, aufdringlich

8. Das Lebensziel des schwermütigen.ichs ist Berechenbarkeit in jeder Lebenslage.
9. Das Lebensziel des lebhaften.ichs ist Verehrung.
10. Die Temperamentenlehre zu kennen, ist wichtig, um zu verstehen, aus welchem Antrieb heraus die jeweilige Wesensart ihre Entscheidungen trifft. Dies hilft dir, das Gespräch in die gewünschte Richtung zu lenken und mit deinem Gesprächspartner gemeinsam eure Ziele zu erreichen. Denn jeder Mensch möchte so behandelt werden, wie er ist.

Antworten zu Kapitel 4 „Die Informationssammlung"

1. Es kann zu Missverständnissen kommen. Bei einem Gespräch werden Wörter ausgetauscht. Diese Wörter haben teilweise unterschiedliche Bedeutungen, welche unterschiedlich gedeutet werden.
2. Zwei Vorteile der Informationssammlung sind: Erstens vertieft man die Vertrauensphase, um so ein harmonisches Gespräch zu führen. Zweitens kann man mit ihr als Systematik einen Gesprächsleitfaden erzeugen, der Sicherheit gibt.
3. Die unterschiedliche „Füllung" des Wortes ist abhängig von der individuellen Erfahrung mit dem Wort, der kulturell erlernten Erfahrung und dem Kontext, in dem das Wort verwendet wird.
4. Der Verzicht auf die Anwendung der Informationssammlung kann dazu führen, dass Stolpersteine des Gesprächspartners unerkannt bleiben. Der Ausgang des Gespräches gerät in Gefahr und wird unkontrollierbar.
5. Die Ausblendung von Informationen (Ausblendungssystem), die Bewertung des Wortes (Bewertungssystem) und die Verallgemeinerung.
6. Der Ausspruch „Ich liebe dich" hat in sich eine Ausblendung. Es bleibt offen, was Liebe ist oder warum die Person einen anderen liebt. Die Verwendung von offenen Fragen kann dabei hilfreich sein.

7. „Die Entscheidung fällt mir sehr schwer!" – Auflösen kann man solche Bewertungen, indem man die Konsequenz hinterfragt und den Gesprächspartner in die Situation des „Was passiert, wenn du es anders machst?" versetzt.
8. Die Verallgemeinerung ist eine generelle Aussage, die auf eine Situation angewendet wird. Ein gutes Beispiel ist: „Ich habe immer Pech." Hier wird vom Gesprächspartner festgestellt, dass er immer nur Pech in seinem Leben hat bzw. haben wird. Die Frage „Hast du noch nie Glück gehabt?" kann in diesen Fall die Verallgemeinerung aufheben.
9. Normales Ausblenden, die Ausblendung des Vergleiches, die Ausblendung von Umständen und die Ausblendung von Einschränkungen.
10. Die große Gefahr bei der Informationssammlung ist, dass man die Befragung im Verhörstil durchführt. Des Weiteren würde man einen Fehler begehen, wenn keine Vertrauensphase geschaffen würde. Nur, wenn dir der Gesprächspartner vertraut, wird er dir auch offen und ehrlich antworten.

Antworten zu Kapitel 5 „Die Gesprächssteuerung"

1. Die Umkehr der Wortanalyse hat den Vorteil, dass die Bewertung der Wörter dem Gesprächspartner überlassen wird. Dadurch wird der Freiraum geschaffen, dass sich dieser zu jedem Zeitpunkt verstanden fühlt, er sich von angeführten Argumentationen selbst überzeugt und sogar fremde Ansichten annimmt.
2. c)
3. Unter dem Paraphrasieren versteht man die sachliche Wiederholung einer empfangenen Botschaft mit den eigenen Worten. Es wird auch „Bestätigungsäußerung" genannt.
4. Die Vorteile liegen in der Gewinnung von Zeit, in der geistigen Beschäftigung des Gesprächspartners, im Vertrauensaufbau und in der Genauigkeit, da gerade bei komplizierten Sachverhalten Missverständnisse vermieden werden.

5. a), b) und c)
6. Durch die Führungsäußerung wird das Gespräch reibungslos in die gewünschte Richtung gelenkt.
7. Durch die Signalwörter „und", „während", „weil", „je … desto …", durch die gebildete Äußerung, die indirekte Handlungsaufforderung, die Tilgung, durch eine Metapher, ein Zitat oder eine Binsenweisheit, durch eingebettete Fragen, Bewusstseinswörter oder alternative W-Fragen.
8. Durch das Signalwort „je … desto …" kann man Widerstände aufnehmen und sie zu seinem Vorteil nutzen.
9. a. Ich kann Ihnen an dieser Stelle sagen: Je größer jetzt gerade ihre Sorgen sind, desto erleichterter werden sie sein, wenn ich Ihnen die Vorteile der Strukturveränderung erläutert habe.
   b. Je aufmerksamer du diesen Satz liest, desto sicherer wirst du im Umgang mit den Signalwörtern werden.
10. Mit Metaphern und Binsenweisheiten wird vermieden, den Gesprächspartner direkt anzusprechen. Dadurch kann er einem nicht vorwerfen, man würde ihm eine Handlungsaufforderung aussprechen.

Antworten zu Kapitel 6 „Die Zielplanung"

1. Der Wunsch ist die nötige Ausgangssituation. Er ist ein Zustand, der im wahrsten Sinne des Wortes wünschenswert ist. Soll ein Wunsch zu einem Ziel werden, ist eine aktive Handlung nötig.
2. Langfristige Ziele (Zeitraum von 3 bis max. 5 Jahren), mittelfristige Ziele (Zeitraum 1 Jahr bis max. 1,5 Jahre) und kurzfristige Ziele (Zeitraum bis zu einem halben Jahr und kleinere Zeiteinheiten).
3. Ziele sollten motivierend sein, Kräfte wecken und einen zusätzlichen Nutzen bringen.

4. Die negativen Seiten zu beleuchten ist wichtig, da für die angestrebten Ziele andere bisher wichtige Dinge weichen werden. Hierbei sollte man stets ein gutes Gefühl haben.
5. Das Visualisieren ist der Vorgang, bei dem detaillierte Bilder vor dem geistigen Auge produziert werden.
6. Der Vorteil der Visualisierung liegt darin, dass Bilder widerspruchslos sind. Die entstandenen Bilder dienen als Bauplan für die Ziele.
7. Hilfreich bei der Visualisierung ist die Visualisierungstafel, auf die Bilder der Wünsche und Ziele geklebt werden. Somit hat man ein hilfreiches Tool, um sich die Bilder wiederkehrend vor Augen zu führen.
8. Am besten nimmt man Widerstände an und befragt sein Gefühl dabei. Widerstände sind die Schutzmauer vor dem Ungewissen und nicht zwingend hinderlich dabei, Ziele zu erreichen.
9. Alles schriftlich Festgehaltene kann man jederzeit hervorholen und sich daran erinnern. Dies fördert die Eigenmotivation, macht Ziele verbindlicher und kontrollierbar.
10. Die SMART-Formel ist ein Hilfsmittel zur Definition von Zielen. Sie werden dadurch Spezifisch, Messbar, Akzeptiert, Realistisch und Terminiert.

Antworten zu Kapitel 7 „Das Glaubenssystem"

1. Glauben an … drückt den Glauben z.B. an Gott aus, also eine religiöse Überzeugung. Mit Glauben, dass … werden dagegen in aller Regel Überzeugungen innerweltlicher Art bezeichnet.
2. Unter einem Glaubenssatz versteht man eine Art Dogma, also eine feststehende Definition, deren Wahrheitsanspruch als unumstößlich angesehen wird. Im NLP (Neuro-Linguistisches Programmieren) versteht man unter einem Glaubenssatz eine konstruktivistische Grundannahme.
3. Glaubenssätze unterstützen die Handlungen von Menschen positiv oder auch einschränkend und helfen oder hindern das Erreichen von Zielen. Darüber

hinaus kann die innere Einstellung durch Glaubenssätze positiv gestaltet werden.

4. Man unterscheidet individuelle, familiäre und kulturelle Glaubenssätze. Sie entstehen durch die Erziehung, Erfahrungen und die Entwicklung der eigenen Identität.
5. a)
6. Man selbst ist für die Entstehung eigener Erfahrungsglaubenssätze verantwortlich.
7. Glaubenssätze kann man an den Schlüsselwörtern „müssen“, „sollen“ und „können“ erkennen.
8. Glaubenssätze kann man durch Erkunden des „Warum“ und der Konsequenzen, die bei Nichterfüllung der Glaubenssätze anstehen, hinterfragen. Durch das bloße Hinterfragen kann es beim Gesprächspartner bereits zur Veränderung seiner Glaubenssätze kommen.
9. Glaubenssätze in Bezug auf die Identität spiegeln die gefühlte Innenwelt.
10. Glaubenssätze kann man durch die Sprachanalyse oder die Veränderung der Grundhaltung verändern. Hierbei sieht der Ablauf folgende Punkte vor:
    1. Visualisiere eine konkrete Situation.
    2. Verändere das aufkommende Bild in der Intensität. Vergrößere oder verkleinere hierzu das Bild.
    3. Hole dir zu deinem neuen Bild unterstützend eine dir vertraute und sympathische Musik hervor.
    4. Das Gefühl zu deinem neuen Bild wird sich von nun an grundlegend verändern.

Antworten zu Kapitel 8 „Der Informationsaustausch“

1. Sachinformationen, Handlungsaufforderung, Selbstoffenbarung, Wertschätzung.

2. Sachinformation ist die wertungsfreie Information, auch „Zahlen, Daten, Fakten“ genannt.
3. Antwort b) ist richtig.
4. Antwort a), b) und c) sind richtig.
5. Die meisten Probleme in der Kommunikation kommen, wenn d) die Wertschätzung nicht beachtet wird.
6. Die richtigen Antworten sind a) und d).
7. Antwort a) ist richtig. Ja, die Wertschätzung kann sich im Lauf der Zeit verändern.
8. Wenn man das Innenleben des Gesprächspartners besser verstehen möchte, sollte man auf die Selbstoffenbarung achten. Diese Aussage ist a) richtig.
9. Die richtigen Antworten sind a) und c).
10. Bei der direkten Handlungsaufforderung wird der Wunsch offen ausgesprochen.

Antworten zu Kapitel 9 „Die Kommunikationsleitfäden“

1. Stress entsteht, wenn man „ja“ sagt, obwohl man eigentlich „nein“ sagen möchte.
2. Das ich-möchte-geliebt-werden.ich, das angsthasen.ich, das ich-rette-die-welt.ich, das chancen.ich, das ich-kann-alles-besser.ich
3. Die Gründe können sein:
    1. Um möglichen Auseinandersetzungen aus dem Weg zu gehen.
    2. Aus Angst, den anderen zu verletzen.
    3. Der Wunsch, den anderen zu behandeln, wie ich selber gerne behandelt werden möchte.
    4. Die Sorge vor möglichen Konsequenzen und Retour-Kutschen.
4. Man sollte nie vergessen, den Kritisierten gut zu behandeln und ihm ausreichend Wertschätzung entgegenzubringen.
5. Leistung – Nutzen für den Gesprächspartner – Rückmeldung

6. Es gibt objektive und subjektive Einwände. Daneben gibt es noch die Vorwände.
7. Das Ziel ist, weitere Informationen und Kundenwünsche zu sammeln.
8. Wenn man einen Vorwand von einem Einwand abgrenzen möchte.
9. Erstens ist es geeignet, um die positiven Eigenschaften des Gesprächspartners zurückzumelden und zweitens kann man zum Vorschein gekommene Schwächen in ein positives Licht rücken.
10. Das Einverständnis zu wiederholen und dem Kritisierten Mut zu machen, die Veränderung umzusetzen.

Antworten zum Zusatzkapitel „Das Prioritäten-Management"

1. Die „60-20-20-Grundregel" beschreibt die Aufteilung der Arbeitszeit im Verhältnis 60 % für geplante, 20 % für spontane und 20 % für unerwartete Aktivitäten.
2. Diese durchschnittlich wichtigen Aufgaben sind teilweise delegierbar. Es sollte von Zeit zu Zeit überprüft werden, ob sie sich zu A-Aufgaben verändert haben.
3. Die Aufgaben beim Eisenhower-Prinzip werden nach Dringlichkeit und Wichtigkeit eingeteilt.
4. Die Grundlage der Kritik ist die Frage, wie man für sich selbst „wichtig" und „dringlich" definiert.
5. Die 5 Schritte lauten: Aufgaben notieren, Länge schätzen, Pufferzeiten einplanen, Entscheidungen treffen und Nachkontrolle.
6. Es sollten stets nur 60 % der täglichen Arbeitszeit fest verplant werden.
7. Du konzentrierst dich auf das Wesentliche, du erhältst einen Überblick über die Tagesaufgaben, du erreichst deine Tagesziele, du gewinnst Zeit, du baust Stress ab, bist motivierter und erhöhst deine Zufriedenheit.

8. Das Pareto-Prinzip besagt, dass 80 % der Ergebnisse mit 20 % des Gesamtaufwandes erreicht werden.
9. Zum Beispiel: 80 % der Anrufe führst du mit 20 % deiner gespeicherten Kontakte.
10. Die Aufgaben werden in primär motivierte und sekundär motivierte Aufgaben unterschieden.

Ausbildungsprogramm

Einige Menschen lernen lieber im persönlichen Kontakt und in Seminaren. Ich als Geschäftsführer der Firma co.cept habe speziell für dieses Buch eine Ausbildungskurs entwickelt. Gerne kann ich Dir diesen Buchinhalt in meinem 10-Wochen-Erfolgskurs näherbringen. Das hat den Vorteil, dass du noch effektiver und noch erfolgreicher werden kannst. Diesen und weitere Kurse kannst du auf meiner Homepage www.cocept.de wiederfinden.

Über den Autor

Richard Walz ist Geschäftsführer der Firma co.cept und lebt in Nürnberg. Am 3. Januar 1973 wurde er ebendort als jüngstes von drei Kindern geboren. Durch den plötzlichen Tod des Vaters wuchs er ab dem 13. Lebensjahr ohne Eltern auf. Dennoch bzw. gerade dadurch wurde er zu einem zielorientierten und emotional stabilen Menschen. Denn Rüdiger und Ingvelde Sinnig, die die soziale Elternschaft übernahmen, und ihre Tochter Franzi haben ihm gezeigt, wie wertvoll das Familienleben ist, um ein glückliches Leben führen zu können. Und seine Geschwister Rolf und Ruth haben ihm gezeigt, dass gleichwohl das Elternhaus nur bedingt für das eigene Leben verantwortlich ist. Für Walz ist seine Schwester bis zum heutigen Tag ein Grund, immer bodenständig zu bleiben.

Die Grundlage für Walz' Erfolg als Kaufmann bilden seine Ausbildung zum Versicherungsfachmann und die damit verbundene Erfahrung als selbstständiger Vermittler, die fundierte Ausbildung zum Organisationsleiter bei einer großen Versicherungsgruppe, die Tätigkeit als Direktionsbeauftragter im Versicherungsvertrieb bzw. als Versicherungsbetriebswirt, der NLP-Master sowie zahlreiche Rhetorik- und Kommunikationsausbildungen.

Produktempfehlung

Das Immobilien Millionär Mediaprodukt by Dr. Florian Roski

Einer der neusten und besten Wege zu lernen, ist mittels Lernvideos. Du bekommst einen Zugang gestellt und kannst Dir, wann Du willst und wo Du willst, unsere Lernvideos ansehen, ohne dass es Dir wie Lernen vorkommt. Zu diesem Zweck haben wir den…

„Immobilien Millionär Master Kurs"

…geschaffen. Mit vielen Bonusprodukten versehen werden Dir im Kurs das Wissen und die Strategien vermittelt, mit denen Du als Immobilieninvestor sofort durchstarten kannst.

Neben dem Kursprogramm hast du auch die Möglichkeit, Fragen zum Vermögensaufbau zu stellen.

Auf der Internetseite www.immobilien-millionär.de kannst Du Dich über die Details und Konditionen dieses Programms erkundigen.

Ich freue mich auf Deinen Besuch!
Dr. Florian Roski
Bestsellerautor, Investor & Unternehmer